“树流感”爆发风险遥感诊断

SHULIUGAN BAOFA
FENGXIAN YAOGAN ZHENDUAN

曹春香 陈伟 潘洁 等 著

中国林业出版社
CFPH China Forestry Publishing House

著者名单 曹春香 陈 伟 潘 洁 徐 敏 刘 诚
方 舟 江厚志 胡星波 蒲 莹 颜 泓
王六如 党永峰 曹春玲

图书在版编目(CIP)数据

"树流感"爆发风险遥感诊断 / 曹春香等著. —北京：中国林业出版社，2021.2
ISBN 978-7-5219-1069-8

Ⅰ.①树… Ⅱ.①曹… Ⅲ.①树病学-研究-中国 Ⅳ.①S763

中国版本图书馆 CIP 数据核字(2021)第 041437 号

审图号： GS(2021)432 号

策划编辑 何增明
责任编辑 张 华
出版发行 中国林业出版社
(北京市西城区德内大街刘海胡同 7 号)
邮 编 100009
电 话 83143566
印 刷 北京博海升彩色印刷有限公司
版 次 2021 年 5 月第 1 版
印 次 2021 年 5 月第 1 次印刷
开 本 787mm×1092mm 1/16
印 张 11
字 数 260 千字
定 价 80.00 元

序言 *xuyan*

近年来全球气候变化日益严峻，森林生态系统面临严重威胁，在此背景下，中国森林资源却取得了数量和质量的显著提升。但随着木材和森林加工产品贸易的不断扩大，森林病虫害的爆发及传播的风险也越来越高，由此带来的潜在生态安全威胁和经济社会影响也日益加剧。近些年，“树流感”这种严重的森林病害在欧美短时间内的爆发和传播造成了严重的后果，也提醒了我们国家对“树流感”的防治需要给予高度重视。

“树流感”这个概念是2011年由中国科学院的曹春香研究员对在欧美大面积爆发和传播的“栎树猝死病”给予的俗称。通过追溯欧美对大面积森林快速死亡的分析研究可知，“树流感”主要是由栎树猝死病菌引起的毁灭性的林木和观赏植物病害，该病害能够在3~4周内对寄主植被造成致命伤害，导致枝干溃疡、枝叶枯萎乃至植株死亡。引起“树流感”的栎树猝死病菌是一种类真菌，它随着染病叶片、幼枝、植物苗木进行传播扩散，且目前植物受到感染后没有有效的救治方法。

“树流感”病原菌首次于1993年在德国和荷兰的杜鹃和荚蒾上被检测出，1996年出现在美国加利福尼亚州沿海地区的密花石栎和栎属上，目前全球已发现100多种(属)寄主植物受到自然感染，且寄主植物名单还在不断扩大，其寄主分布十分广泛。据研究，在疫源地范围内既可危害阔叶树也可危害针叶树，既可危害乔木又可危害灌木，在危害苗木的同时还可危害成熟林。随着全球交通网络的快速发展和木材产品的全球交易，疫源地的栎树猝死病菌比过去更易携带或转移到潜在适生区域，并在缺乏天敌等制约因素的新环境下迅速扩散，导致不可逆转的生态灾难。目前该病害已引起美国、加拿大、新西兰、欧盟、韩国以及中国等多个国家地区的高度关注，纷纷采取措施严防其传入扩散后对森林造成毁灭性打击。

为了防止“树流感”在中国的爆发和传播，中国科学院空天信息创新研究院遥感科学国家重点实验室曹春香研究员早在8年前就带领遥感诊断研究团队专门开展了“树流感”爆发风险遥感诊断与预警研究。在国家自然科学基金委支持其取得了初步研究成果的基础上，国家林业和草原局科技司进一步支持其申请并获批了林业公益性行业科研专项，继续针对全球和中国的“树流感”爆发和传播进行跟踪和预测，以期对我国的森林资源保护和国家林业安全保障提供支撑。

在这些科研项目的资助下，曹春香研究员带领队伍积极工作，取得了突出的成果。基于遥感等多源数据，建立了全球“树流感”环境背景因子数据集，分析了“树流感”在全球的时空分布特征；以遥感和地理信息系统等空间信息技术为主要手段分析了影响“树流感”分布和传播的主要环境因子，并对其在全球的潜在适生区进行了划分；同时根据有害生物风险评估理论，构建了“树流感”的入侵风险评估指标体系和预警模型，针对“树流感”在中国的潜在入侵及传播风险进行了短期和中长期的预测预警。

鉴于“树流感”病菌的寄主植被在我国分布广泛，国家相关检疫部门也多次从引自德国、意大利、比利时等国家的输华苗木中截获该病菌，因此一旦“树流感”传入国内，将极大地危害我国森林资源，破坏我国的生态环境并造成不可估计的经济损失。本书是针对该森林病害开展相关工作的成果总结，作为专门面向中国森林病害防治和森林健康诊断的专业书籍，其对于我国森林资源的保护和管理具有重要的指导意义。

作为林业科学领域的一份子，作为一直以来主管国家森林保护和林业生态安全的实践者，我对于此书的完成倍感欣慰并热切期待其能成为我国林业资源保护和管理的重要参考资料，同时有效服务于我国生态安全保障和国家生态文明建设。

2019年8月20日

前言 qianyan

“树流感”的学名是“栎树猝死病”，是由栎树猝死病菌引起的林木和观赏植物病害，它能够在短时间内对树木造成致命伤害。目前“树流感”主要在美国西海岸地区以及欧洲的英国、法国、德国等地爆发，但随着人类生产生活全球化的进程，国际森林木材产品贸易日益密切，森林病虫害的爆发及传播愈发频繁，“树流感”传播到其他适宜区域的可能性在不断增大。因此，基于“树流感”环境背景因子数据集，通过遥感和地理信息系统等空间信息技术对“树流感”在全球和中国的爆发和传播风险进行预测预警极其必要且迫切。一直以来，国内外陆续出版过许多关于森林病虫害防治等领域的书籍，但是专门针对“树流感”这一森林病害的专著目前尚存空白。

本书收集与处理了全球“树流感”爆发点分布数据以及相关地理、气候、遥感、寄主植物等数据，建立了全球和全国尺度“树流感”环境背景因子数据集，分析了爆发点数据与相关环境背景因子之间的时空分布规律，预测了其在全球的适生区域，并对该病菌在全球和中国的爆发和传播风险进行短期和中长期的风险预测和传播预警。全书共包括 8 章。第 1 章为“树流感”的概念提出及演化发展。在系统介绍“树流感”的概念及演化历史、起源及分布、病原与寄主、传播与防控的基础上，概述了有害生物风险分析的空间信息技术进展、森林病虫害入侵风险预测评估技术现状、森林病虫害传播模型模拟发展现状，综述了“树流感”风险评估及分析预测现状。第 2 章主要介绍研究所用的全球“树流感”爆发点数据、中国寄主树种分布数据、病菌环境因子数据集以及数据预处理工作。环境因子数据集包含遥感数据、气象数据、中国野外实地调查数据、基础地理区划数据等。第 3 章在第 2 章的基础上分析了爆发点数据与相关环境背景因子数据之间的时空动态关联；对全球“树流感”病菌不同演化谱系的时空分布进行研究，从时间序列、空间自相关及时空聚集性等三个方面分析全球“树流感”病菌的时空分布规律特征。第 4 章基于简单气候变量，分别采用AHP—模糊综合评价方法与气候相似性分析方法对"树流感"的适生性进行了分析，并对两种方法的适生分级结果进行了定性和定量的对比。第5章则引入了MaxEnt、GARP、GLM及SVM四个模型，利用全球生物气候变量、生物气候变量+叶面积指数两套数据，对全球"树流感"潜在爆发和入侵风险进行了短期和中长期的预测，进而获取了中国地区的"树流感"潜在入侵风险。同时基于有害生物风险评估指标体系计算了"树流感"在中国的定殖风险。第6章进一步分别选择美国加利福尼亚州、中国东南沿海地区、中国云南省为典型区域，基于元胞自动机、Hysplit模型开展了"树流感"爆发的时空传播模拟和风险预警。第7章详述了"树流感"爆发风险预测预警软件系统的研发过程、功能界面和结果演示。第8章为"树流感"爆发风险遥感诊断展望。首先介绍了"树流感"风险评估指标因子扩展和风险预测预警模型发展，然后探讨了空间信息技术应用于"树流感"环境因子及寄主植物提取，最后有针对性地提出了中国"树流感"风险预测及防范措施建议。

本书出版得到国家自然科学基金面上项目"林草适宜度遥感诊断模型研究"(No. 41971394)、国家重点研发计划子课题"森林扰动高时空动态监测应用示范"(No. 2016YFB0501505)和林业公益性行业科研专项项目"树流感爆发风险遥感诊断与预警研究"(No. 201504323)等项目的支持，谨此一并致谢！

鉴于水平和时间所限，书中可能会存在一些不妥乃至错误之处，恳望读者不吝批评指正！

目录 *mulu*

第1章

“树流感”的概念提出及演化发展

真菌与类真菌生物（Fungi and Fungal-like Organisms，FLOs）引起的新兴传染病（Emerging Infectious Diseases，EIDs）日益严重地威胁着全球自然和人工生态系统内植物与动物种群的稳定性和持久性。由 FLOs 引起的植物流行病害远多于其他任何植物虫害（Ellis *et al.*，2008），FLOs 导致的 EIDs 在全球迅速扩散，造成大量动植物死亡，加速生物多样性的减少，对人类健康和生态系统健康都造成影响。植物病原 FLOs 广泛分布于世界各地，引起农作物、林木、蔬菜、经济作物、观赏作物和杂草病害，常造成植物早期失绿、叶枯、落叶、枯萎和腐烂，严重影响植物的生长发育、产量及品质，给农林生产和人民生活带来严重损失。近几个世纪，随着人类贸易、运输、交通的发展，外来物种（alien species）突破自然界的隔离屏障进入新的生态系统的概率越来越大。虽然并非所有的外来物种都能成功地扩散到当地的自然界成为归化物种（naturalized species），进而成为对当地生态有破坏力的外来入侵物种（invasive alien species），但一旦生长难以控制后而形成入侵物种，将会造成严重的生物污染，进而对生态系统造成不可逆转的破坏。

1.1 “树流感”概念的提出

随着国际经济形势的发展以及通讯、交通、贸易、旅游业和科学技术进步的快速发展，一个地域的物种比过去更易携带或转移到另一个地域，并在缺乏天敌等制约因素的新环境下定殖、扩散，进而对当地生态环境、社会经济和人身健康产生不可估量的影响。外来生物入侵在给世界很多国家和地区造成巨大的经济损失的同时也导致了不可逆转的生态灾难（张大勇，2003；徐汝梅，2004；万方浩等，2005）。我国是一个生物灾害严重、生态环境脆弱的农业大国，地域广阔、气候和地理条件多样化导致我国成为全球受外来生物入侵影响最大的国家之一，包括森林、农业区、水域、湿地、草地、城市居民区等在内的几乎所有生态系统都有外来生物入侵（向言词等，2002；张从，2003；曹春香，2013）。从 1985 年以来，我国平均每年发现 1 种外来物种从国外传入，外来生物入侵已严重威胁我国的经济、生态与社会安全及国家利益（林杨和王德明，2005）。

1.1.1 “树流感”概念及演化历史

“树流感”是一种发生在植物上的病害，相当于植物“口蹄疫”，学名是“栎树猝死病”，在美国被称为“Sudden Oak Death”，简称“SOD”（邵丽娜等，2008）。该病是由栎树猝死病菌（*Phytophthora ramorum*）感染引起的一种毁灭性林木和观赏植物病害，具有广泛快速传播的特点，能够在短时间内对林木造成致命伤害，从入侵到全部树叶变褐只需 2~3 周的时间（Werres *et al.*，2001；廖太林和李百胜，2004；ODA，2011）。从 1993 年栎树猝死病被发现至近 30 年的时间里，该病的影响范围在逐渐扩大。该病菌能造成栎属、石栎属、落叶松等多种林木快速大范围的死亡，已极大破坏了北美及欧洲部分国家的森林资源，严重影响了当地的生态保护，造成了大量的经济损失（Fera，2010）。栎树猝死病菌为一种类真菌，称枝干疫霉，属真菌界卵菌门卵菌纲腐霉目腐霉科疫霉属，首次于 1993 年在德国和荷兰的杜鹃（*Rhododendron* spp.）和荚蒾（*Viburnum* spp.）上被检测出，1996 年出现在美国加利福尼亚州沿海地区的密花石栎（*Lithocarpus densiflorus*）和栎属（*Quercus*）上（Werres *et al.*，2001；Rizzo *et al.*，2002；Grunwald *et al.*，2008）。根据美国动植物健康检疫局（Animal and Plant Health Inspection Service，APHIS）于 2013 年发布的栎树猝死病菌寄主及易感寄主名单，全球已发现 138 种（属）植株自然受到侵染，其中确定寄主 47 种（属），易染寄主 91 种（属），在人工接种条件下，还有 100 多种植物能感染而造成叶片枯萎，目前寄主植物的名单还在不断地扩大（APHIS，2013）。根据已感染该病菌的寄主情况，其寄主分布十分广泛，既可危害阔叶树又可危害针叶树，既可危害乔木又可危害灌木，在危害苗木的同时还可危害成熟林。

由于“树流感”的高危险性，世界许多国家如美国、加拿大、澳大利亚、新西兰、韩国以及欧盟各国纷纷将它列为重要的危险性检疫对象，如美国农业部门USDA、爱尔兰农渔食部门（Department of Agriculture，Fisheries and Food）、欧盟植物保护组织（European and Mediterranean Plant Protection Organization，EPPO）、加拿大食品安全局（Canadian Food Inspection Agency，CFIA）、英国环境、食品和乡村事务部（Department for Environment，Food and Rural Affairs，DEFRA）等（EPPO，2005；Chronology，2011）。2011年1月英国的英格兰西南部和威尔士部分地区的日本落叶松首先遭遇了“树流感”的袭击并迅速扩散，致使政府不得不伐倒约一万英亩树林（Forestry Commission，2012）。在我国，2001年我国质量监督检验检疫总局发出了紧急通知，要求加强来自美国、德国、荷兰与栎树猝死病菌寄主植物有关的苗木、原木、板（方）材、木片及黏附土壤的检疫，严防“树流感”病原菌栎树猝死病菌传入中国。2006年12月和2007年2月，我国在进口的比利时和德国的杜鹃上分别检测到栎树猝死病菌，这也是我国首次截获该病害（陈小龙等，2007；吴品珊等，2007）。2011年我国再次在引自德国和意大利的观赏植物苗木上检出栎树猝死病菌（植物检疫处，2011）。

自1993年在欧洲的杜鹃花属上发现“树流感”病原菌以来，该病的流行主要经历了以下几个重要发展阶段：1996年，美国加利福尼亚州首次爆发“树流感”并引起加利福尼亚州栎林大面积的死亡；2001年，Werres基于“树流感”病菌的生理生态学研究，将这种病害的病原菌命名为栎树猝死病菌（*Phytophthora ramorum*）；同期开展了北美病害与欧洲病害二种类型的关联研究，并发布病害的应急法规；2002年英国在苗木上发现“树流感”病菌；2004—2006年研究表明北美病害与欧洲病害分属两种不同的交配型；2008年欧洲开展了“树流感”有害生物风险分析；2009年英国的日本落叶松大面积爆发“树流感”。虽然“树流感”的流行历史不到30年，但它对欧洲及北美地区的森林资源产生了极大的破坏，引起了全世界政府及管理部门的关注，及时预防并控制“树流感”的爆发与传播刻不容缓。

1.1.2 “树流感”起源及分布

“树流感”在北美及欧洲大规模爆发，不仅对森林内寄主植物造成毁灭性打击，也对苗圃培育影响重大。经“树流感”现状爆发点空间分析研究，这些病害爆发地区都属于被入侵地，栎树猝死病菌的起源地至今仍没有结论。病菌起源地的不明确将直接影响病菌防治力度。栎树猝死病菌为雌雄异体，现已发现两种交配型共4种演化谱系（Evolutionary lineage）：NA1、NA2、EU1、EU2，其中，NA1和NA2谱系存在于北美西部，即美国加利福尼亚州及俄勒冈州沿海地区；EU1谱系起初在欧洲苗圃地中被发现，主要影响杜鹃、荚蒾等灌木，后续又传入北美，但未引起大规模爆发。EU2谱系最先在北爱尔兰发现，后续在苏格兰西部及欧洲大部分地区爆发，主要影响欧洲的日本落叶松（Ivors *et al.*，2006；Grünwald *et al.*，2009；Goss *et al.*，2011；Van *et al.*，2012）。图1-1为栎树猝死病菌演化

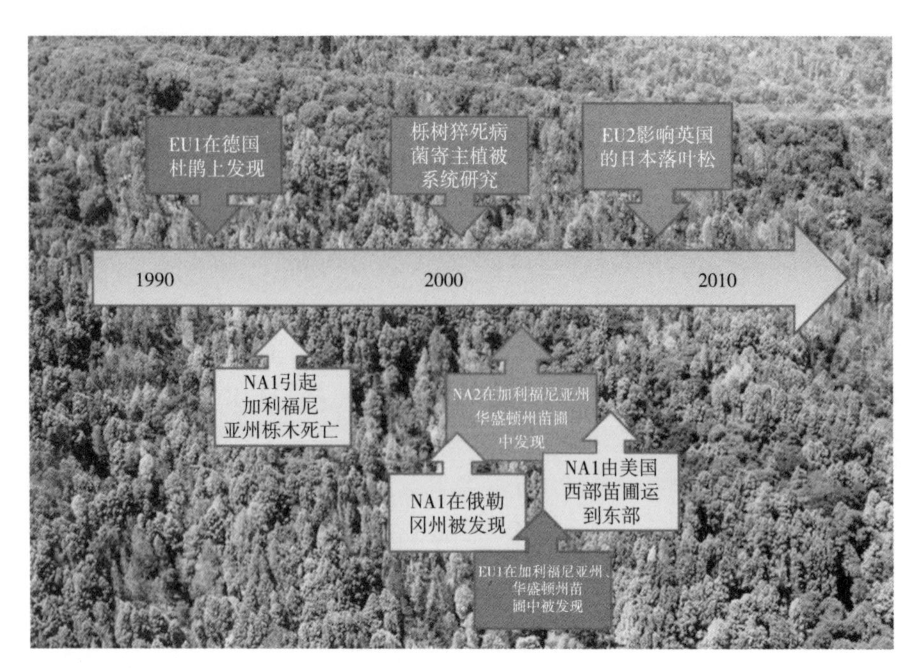

图 1-1 栎树猝死病菌演化谱系年代记事图

谱系在全球爆发年代记事，其中 EU2 谱系于 2012 年由 Van 等进行系统研究，发现 2007 年影响英国的日本落叶松的病菌谱系为 EU2，而不是 EU1（Grünwald, *et al.*, 2012）。

1993 年在欧洲的杜鹃花属上发现 EU1 谱系，1996 年 NA1 谱系引起美国加利福尼亚州栎树大面积死亡，尤其在美国加利福尼亚中北部沿海密花石栎上首次爆发，并迅速在当地传播扩散导致栎树和石栎短时间大面积死亡，从而引起了广泛关注（王颖等，2002；Davidson *et al.*, 2005；Kliejunas，2010）。2001 年 Werres 正式将引起栎树猝死病的病菌命名为 *Phytophthora ramorum* sp. Nov，即栎树猝死病菌（Werres *et al.*, 2001）。2000—2010 年，NA1 谱系先是在加利福尼亚州大规模爆发，后由加利福尼亚州传入俄勒冈州，引起该州栎树大量死亡，在美国苗圃中也被发现过，并由美国西部运输到东部苗圃中；EU1、NA2 谱系在加利福尼亚州、俄勒冈州、华盛顿州的苗圃中被发现，因发现及时且范围较小，未造成大规模爆发；2008 年起，EU2 谱系出现在英国的日本落叶松上，在 2010 年开始大规模爆发。在欧洲，"树流感"主要分布在奥地利、比利时、捷克、丹麦、爱沙尼亚、芬兰、法国、德国、爱尔兰、意大利、拉脱维亚、荷兰、挪威、波兰、葡萄牙、斯洛伐克、斯洛文尼亚、西班牙、瑞典、瑞士、英国等 21 个国家。在北美，栎树猝死病主要分布在加拿大大不列颠哥伦比亚省，美国加利福尼亚州、俄勒冈州、华盛顿州。目前该病害在中国尚未发现其分布。

研究栎树猝死病菌的演化谱系意义重大，它能够让我们对病菌的演化过程进行全面了解，并直接影响爆发风险预测建模的科学性和准确性。此外，对不同演化谱系研究，一方面可以以这些谱系来外推其他地区的潜在适生区，另一方面也可以此为基础，探明栎树猝死病菌的起源地。

1.1.3 "树流感"病原与寄主

引起"树流感"的栎树猝死病菌是一种真菌，它隶属于藻界（Chromista）卵菌门（Oomycota）卵菌纲（Omycetes）霜霉目（Peronosporales）霜霉科（Peronosporaceae）疫霉属（*Phytophthor*）（程衬衬，2011）。病原菌的存活主要受环境影响，温湿度是影响其生存的最重要环境因素。病原菌适合于阴冷潮湿环境下生长，适宜生长温度为18~22℃，最适温度为20℃；温度超过30℃时，菌丝停止生长，但如病原菌在阴冷雨季侵入了寄主，即使为30℃的非持续气温也不会限制病害的发生。高湿，特别是当叶面、树皮表面出现水膜时有利于菌丝生长（Werres *et al.*，2001；Garbelotto and Davidson，2003）。

栎树猝死病菌为雌雄异体，它具有两种交配型A1和A2，研究表明这两种类型之间不具有内在关联性。从北美及欧洲的寄主植物中分别分离得到的病菌分属不同的交配型，且两种都不是有性繁殖，再加上"树流感"多数寄主植物起源于亚洲，这表明病原菌很可能起源于欧美以外的其他地区（廖太林和李百胜，2004；Ivors *et al.*，2004）。到目前为此，"树流感"起源的地理中心仍然未知，但众多专家学者倾向于认为病原菌可能起源于喜马拉雅山南部、中国台湾省以及云南省（Brasier *et al.*，2004；Kluza *et al.*，2007）。

"树流感"可危害上百种林木和苗圃植物，造成栎树等多种树木突然死亡和杜鹃等观赏植物枯死。随着对"树流感"了解的不断深入，新的寄主植物也不断被发现，美国动植物健康检疫局（APHIS）于2013年发布的栎树猝死病菌已确认寄主及易感寄主名单，全球已发现138种（属）植株自然受到侵染，其中经柯赫法则检验确定的寄主有47种（属），经PCR检验确定的易染寄主91种（属），主要包括壳斗科的栎属、杜鹃花科的杜鹃花属、槭树科的槭属，忍冬科，杜鹃花科的山月桂，松科的花旗松，杉科的红杉，蔷薇科的石楠、蔷薇以及冬青科的冬青等，在人工接种条件下，还有100多种植物能感染而造成叶片枯萎，目前寄主植物的名单还在不断地扩大（APHIS，2013）。

在北美，"树流感"引起极严重的栎树、石栎树等林木的破坏与死亡。在欧洲栎树猝死病的寄主主要是苗圃与灌木，尤其是杜鹃、荚蒾、山茶（Forestry Commission，2012）。2009年在英国西南部的日本落叶松上首次发现该病菌证实日本落叶松也是传播病菌孢子的重要传染源（Webber，2010；Harris and Webber，2012）。"树流感"引起的寄主症状各异。在林木上，发病最初表现为嫩梢枯萎，然后整个树冠枯萎、树叶变褐，挂在树枝上，树干中部有葡萄酒红色的渗液流出，树干底部是褐色渗液，且树皮表面变色。栎树树干上有黄褐色至黑色的炭团菌子实体，黏性的"流血"或红褐色流胶，流胶部位的下面可出现凹陷或平坦的溃疡，树叶变为红褐色即意味着树木死亡。苗圃的症状为叶柄至叶基部变黑，叶部有褐色病斑、干枯，枝梢枯萎、凋谢。归纳起来"树流感"引起的寄主病症主要包括两种——树皮溃疡、叶斑和细枝凋萎（Parke *et al.*，2008；Illinois，2005；吴品珊等，2007；Kliejunas，2010）。

1.1.4 “树流感”传播与防控

栎树猝死病菌的传播可以分为自然途径和人为途径两种方式，也可划分为短距离和长距离传播两种方式。从自然传播角度来看，雨水及风的携带可以在短距离使病菌污染灌溉水并感染植物。死亡的枝干及叶子也会携带病菌使之感染其他寄主。雨季的土壤由于湿度大也可能传播病菌，还有河道、突发天气事件以及动物的活动都可以在长距离内传播病菌。从人为途径来看，土地利用情况、寄主植物的引栽与转移可能造成病菌在短距离内传播。全球的寄主植物贸易是造成病菌长距离传播的主要因素。另外，不排除可能还有其他未知的病菌传播方式（Meentemeyer *et al.*，2004；Ivors *et al.*，2004）。

由于“树流感”传播广泛快速、寄主种类繁多、症状表现缓慢，“树流感”的隔离与防控非常困难。“树流感”的早期诊断是预防该病爆发的基础与前提。观察寄主植物症状是最简单直接的方法，可初步判断寄主是否有染病的可能。但由于造成寄主树皮溃疡、叶斑或细枝凋萎的原因很多，该方法只能作为参照判断，不具有准确性。更准确的判断方法是采集疑似症状的植物进行病菌的分子生物学鉴定，但该方法操作复杂且实验周期长。目前“树流感”的防控主要采用化学手段和物理手段相结合的方法。欧盟植物健康法规定必须砍伐已感染“树流感”的寄主植物周围至少 100m 范围的有病害症状的所有寄主，这就意味着在小片森林中所有的落叶松都必须被移除（Jones，2012；Webber，2012）。但对于受灾范围过大的地区，两种方法都难以得到有效的应用（Garbelotto and Davidson，2003）。无论化学或物理哪种方法都是以大量的经济投入为代价的，因此急需更快速、简单、准确的技术进行“树流感”的防控。“树流感”病害空间分布模拟、适生区预测与风险评估和爆发预测预警研究成为前期防控“树流感”的重要措施（Kelly and Meentemeyer，2002；Guo *et al.*，2005）。2008 年 Meentemeyer 等建立广义线性模型与生态位模型探索“树流感”的传播限制条件与生态需求，进而研究控制病害传播的方式。同年 Meentemeyer 等又基于高空间分辨率的航片提取了加利福尼亚州大苏尔生态区感染了“树流感”的寄主林木，并基于地面调查数据对提取结果进行验证。另外还研究了“树流感”爆发前后加利福尼亚州北部的土地利用变化（Meentemeyer，2008a，2008b，2008c）。近年来，随着遥感、地理信息系统、全球定位系统、计算机技术等现代科学技术的发展，这些技术成为“树流感”在全球的空间分布模拟与风险分析研究的重要手段。

栎树猝死病菌尚未在我国大陆发现，但是已经有研究表明该病菌可能起源于喜马拉雅山脉，并在尼泊尔及我国台湾的远古森林内发现该病菌（Brasier *et al.*，2010；Vettraino *et al.*，2011）。栎树猝死病的主要寄主植物在我国都有广泛的分布，如栎树、槭树、杜鹃花等植被均广泛分布在我国，我国较多地区的气候条件也适合该病菌的发生流行，且进出口贸易中曾检疫出过该病菌（陈小龙等，2007）。“树流感”的传入会改变我国森林树种构成，降低森林生物多样性，间接影响以栎树等寄主的动物生存，导致森林生态系统功能严重分裂，对我国的森林资源、森林生态建设造成极大的破坏。“树流感”也可能从其他许多途径影响环境，如大量树木死亡增加了火灾的可能性（Rizzo *et al.*，2005）。栎树猝死病菌不仅会引起大范围森林植被生态破坏，也会连带影响以该病菌寄主为原料的木材加工业及相关产业，以及我国的进出口贸易，且严重威胁旅游资源（罗志萍，2007）。

1.2 “树流感”风险评估及预测预警现状

栎树猝死病菌虽为一种卵菌，但其寄主都是植被，受染后枝叶枯死，枯死植被信息能通过光学遥感影像提取。植被信息遥感提取技术的日益发展对“树流感”爆发情况监测提供了更有效和直接的监测手段。随着遥感传感器工作模式的不断细化，光学遥感的被动式遥感观测、合成孔径雷达和激光雷达遥感的主动式遥感观测两种观测手段，已经被应用到了包括树高、冠幅、胸径、郁闭度、冠层水平分布、冠层垂直分布、叶面积指数、光合有效辐射吸收比率、生物量和蓄积量等森林结构参数的遥感反演研究。

1.2.1 有害生物风险分析的空间信息技术进展

有害生物风险分析（Pest Risk Analysis，简称PRA），起步于19世纪70年代。联合国粮农组织1999年版的《国际植物检疫措施标准第5号：植物检疫术语表（Glossary of Phytosanitary Terms）》把PRA定义为采用生物学、经济学或其他科学的证据，确定和评价某种有害生物是否应予以管制，及管制所采取的植物卫生措施的过程（贾文明，2005）。这个过程主要包括危险确定、风险评估、风险管理和风险交流4个方面。其中，风险评估是风险分析的核心内容，主要包括物种适生性、扩散性及其危害影响三个方面（徐汝梅，2004；FAO，2004；王秀芬等，2010）。

风险评估方法有定性和定量两大类。其中定性评估一般是通过多个风险要素的多维向量运算得到整体的风险评估值，结果常用风险等级来表示。而定量评估更注重风险事件的时空关系，常以模拟的方法来预测风险出现的概率和程度，得出数量化的结果。不确定性是风险的最根本特性，概率分布能够更准确地描述这种不确定性，定量方法的应用使评估结果更为科学、合理（陈克等，2002；周国梁，2006c）。为了建立科学且快速准确的评估工具，国内外很多学者建立了有害生物风险分析指标体系。例如，蒋青等（1994b，1995）、范京安等（1997）、周国梁等（2006c）、尹鸿刚（2009）分别提出了我国有害生物风险分析的指标体系；EPPO（1997）也提出了多指标的有害生物评估体系，MacLeod（2002）等利用该体系评估了亚洲光肩星天牛传入欧洲的风险。新西兰也建立了自己的有害生物风险分析体系（王秀芬等，2010）。在有害生物危险性评价中，适生性分析是一个关键因素，是有害生物风险评估研究中重要的部分。适生性是指有害生物从原分布区被携带到新区后能否定居并造成危害的能力，适生区是指适合物种生存的区域，其范围大致等同于物种的潜在适生区（曹向锋等，2010）。评估外来有害生物的适生性，需要大量的有害生物的生物学特性及其与环境的相互关系的背景知识。由于现存的生物资源调查数据普遍是不完整和不完全的，要想获得物种分布区系统的、完全的资料基本不可能，在这种情况下，生态学家和生物保护学者更多的是根据有限的数据，分析有害生物已知分布区的气候与生物地理信息，利用空间模型与计算机技术来预测物种在某地区的适生性，以进一步研究或者指导野外调查设计、保护濒危物种或对有害生物进行管理。随着计算机及其他相关学科的发展，适生性分析手段也有了很大提高（马晔和沈珍瑶，2006；周国梁等，2006b；魏初奖，2010）。

适生性分析源于20世纪20年代气候图的引入，随着研究的深入，适生区预测的方法趋于多样化，其预测准确度也在逐步提高。大量的研究表明，许多物种的分布与气候密切相关，利用物种已知地理分布的气候因子去预测其潜在适生区依然是目前最有效的方法（周国梁，2006b）。早期适生性分析主要是对气候资料进行简单对比，随后利用统计学方法，建立基于统计方法的适生模型，近年来则主要通过气候及生物地理条件分析了解有害生物的适生性，专门针对生物-气候关系建立模型进行研究（徐汝梅，2004）。此处将介绍几种主要的有害生物适生性分析方法。

（1）农业气候相似距方法

该方法起源于1924年Cook提出的用“气候图”对有害生物的潜在分布进行分析。该方法最初是用于作物引种咨询，现用于有害生物的适生性分析。通过对灰地老虎、苜蓿叶甲等的适生性研究，Cook提出环境比较原则可用于预测新区有害生物可能分布区和侵染的相对严重度。随后1931年Urarov提出了“生活史气候图”，1938年Bodenheimer提出了“生态气候图”，进一步发展和完善了Cook“气候图”。

气候相似距方法是早期有害生物适生性研究最经典的研究技术（周国梁等，2006；程俊峰等，2006），其关键是选择有代表性的适生气候指标，使之能反映有害生物对气候条件的生态要求。利用该技术人们对生物适生性进行了大量研究（魏淑秋，1984；蒋青，1994a；李登科等，1994；齐国君等，2011）。从气象相似性的原理出发，1984年北京农业大学魏淑秋等建立了“农业气候相似距库”，用于病虫杂草的气候分析。1988年瑞华等利用“农业气候相似距库”系统对美国白蛾在我国的适生地分布进行了研究。1994年蒋青应用农业气候相似距分析假高粱在我国的适生范围。2008年沈文君等应用该方法预测红火蚁在中国适生区域，在气候因素影响下，把相似程度相对百分比认为是红火蚁入侵中国政区和气候区的概率值，并且建立了预警级别（沈文君，2008）。2011年齐国君基于GIS与生物气候相似性研究西花蓟马在广东的适生性。

（2）基于统计方法的分析模型

统计学方法主要是以数据库系统为基础，通过建立环境因子数据库，对影响物种分布的环境因子进行统计分析，提取有害生物分布与环境因子之间的关系，进而建立最优的模型，预测物种潜在的适生地分布。该类模型的缺点是需要物种的"存在"和"不存在"两种数据。"不存在"数据往往难以获得，在没有准确的"不存在"数据时应选择其他模型进行分析（杨瑞，2008）。统计学方法一般是结合 GIS 进行预测的，常用的统计学方法主要有判别分析（Discriminate Analysis，DA）、广义线性模型（Generalized Linear Models，GLMs）、广义相加模型（Generalized Additive Models，GAMs）、逻辑回归分析（Logistic Regression Analysis，LRA）、支持向量机（Support Vector Machine，SVM）、回归树分析（Regression Tree Analysis）、神经网络（Neural Networks）、决策树（Decision Trees）、主成分分析（Principle Components Analysis，PCA）、DIVA-GIS 和基于机器学习算法的 GARP 模型等。2006 年 Maggi Kelly 等对比线性回归方法、回归树方法等 5 种方法预测栎树猝死病风险的结果（Kelly，2006）。

（3）生物-气候评价模型

利用生物-气候关系建立模型是近年来使用最多的适生性研究方法，该模型又称为机理模型。生物-气候评价模型是基于物种对环境的基本需求，建立生物在特定气候条件下的适生模型，通过模拟生物种群在已知地点的生长情况，确定其生长的模型和参数，再利用该参数来分析生物种群在未知地点的生长情况，由此预测种群潜在的适生分布区。该类模型仅需要物种"存在"数据就可进行分析模拟，同时还可以利用统计学方法所不能使用的一些数据资源，如与"不存在"数据无关的观察数据和博物馆记录、来自不同抽样方法或不同数据资源的数据集等，从而最大限度地利用可用数据资源。

生物-气候评价模型通常是利用生态位（niche）技术结合气候统计学方法，基于地理信息系统开发的。生态位是生态学中的一个概念，它具有空间和功能多重含义，也就是说，如果某一生物种群的生态位一旦确定，其就只能生活在确定环境条件的范围内，也只能利用特定的资源，甚至只能在适宜时间里在这一环境中出现（周国梁，2006b）。生态位技术就是在生态空间中描述物种的适生性，再投影到地理空间中，预测物种在该地理空间中的分布情况（Skov *et al.*，2008）。

在常用的生物-气候评价模型中，CLIMEX 生物种群生长模型的应用占有主要地位（周国梁，2006b）。CLIMEX 模型是通过分析物种在已发生区的气候条件来预测其潜在地理分布和相对丰盛度的动态模拟模型。其应用前提是物种分布主要由气候因素决定，然后设定其种群在生活史中同时经历适宜和不适宜的气候生长条件。1984 年澳大利亚联合科学与工业研究组织建立的 CLIMEX 系统已经被用于数十种有害生物的适生区研究。我国学者先后用 CLIMEX 分析预测了美国白蛾、苹果蠹蛾、褐纹甘蔗象、大豆北方茎溃疡病菌、豚草卷蛾、日本金龟子、松墨天牛、橘小实蝇、红火蚁和西花蓟马等在我国的潜在分布区（张清芬和徐岩，2002；马骏等，2003；荆玉栋等，2003；侯柏华和张润杰，2005；程俊峰等，2006；崔友林等，2009）。除了 CLIMEX 模型，最大熵模型 MAXENT、生态位因素分析模型 ENFA、基于生物气候数据的 BIOCLIM 等也是应用十分广泛的模型（王颖等，2006；李双成和高江波，2008；余岩等，2009；曹向锋，2010a，2010b）。

生态位模型也可模拟未来气候条件下物种的潜在分布。基于现有物种分布数据，将其投射至未来气候条件下，预测未来气候条件下物种潜在分布（朱耿平等，2013）。根据联合国政府间气候变化委员会（Inter-governmental Panel on Climate Change，IPCC）的评估报告，加拿大、英国和澳大利亚等国的研究机构相继模拟出了未来不同时期的气候参数，为未来物种潜在分布的模拟提供了基础（Hijmans *et al.*，2005）。未来物种分布研究的理论基础仍是生态位的保守性，只有在此前提下，模拟得到的未来气候条件下物种的分布才有价值（Petitpierre *et al.*，2012）。在大尺度范围下，全球气候变化对北美和欧洲的鸟类和植物被广泛研究（Thuiller *et al.*，2005），我国这方面的研究需要加强。需要注意的是，大部分研究强调气候因素对物种分布的限制作用，却忽略了大尺度下物种间的相互作用和物种的迁移能力（Peterson *et al.*，2002）。

模糊综合评判法也是广泛应用的适生性分析方法之一。该方法借助模糊关系的原理，针对被评判事物各个相关因子的影响，对事物做出总体评价。张润杰和侯柏华（2005）采用模糊决策的基本理论和方法，建立橘小实蝇传入风险的模糊综合评估模型。吕全（2005）用模糊综合评判法进行了松材线虫在我国的潜在适生性评价；贾改珍等（2009）应用模糊综合评价法评价了流行病学实践教学效果，为流行病学的实践教学的改进和发展提供较为客观的依据。目前采用此方法进行的分析主要是基于气象因子，有待于进一步与其他环境变量结合发展。

在以上几类模型中，气候相似距方法具有直观、可操作性强的优点，但它仅在宏观上对两地气候的相似性进行了评价，对病虫害本身的生物学流行学和生态学考虑不充分。以 GARP 模型为代表的统计分析模型要求的数据样本小，但由于需要物种的存在数据，在收集和整理数据时困难多、工作量大。以 CLIMEX 为代表的生物-气候评价模型生物学原理比较清晰直观预测结果输出灵活性大，但该系统自带的气候数据与国家气象局提供的数据存在很大出入，而且代表站点数太少，有些物种发育参数较难获得，从而影响了预测结果。模糊综合评价方法在专家知识和主观经验的基础上，利用具有严密逻辑性的数学方法尽可能地去除主观成分的影响，合理确定评价指标权重，用定量手段刻画适生评价中的定性问题，使定性分析与定量分析得到较好的融合，从而提高了模糊综合评判的可靠性、准确性和客观公正性。

1.2.2 森林病虫害入侵风险预测评估技术现状

1993 年 Liebhold 率先将地理信息技术（Geographic Information System，GIS）应用于植物检疫研究。随后，GIS 在有害生物风险性分析、疫情监测和检疫决策等方面发挥了重要作用。GIS 强大的信息管理、空间分析、数据处理、直观表达功能，使大区种群空间分布模拟运算成为可能。作为预测模型运行的支撑平台，大量的气象数据得以应用，GIS 实现了数据的综合处理与分析，研究影响物种分布的各种因素，为病虫害数据库管理和病虫害监测、预报开辟了新的途径，在物种适生性研究中具有很光明的应用前景（曹春香，2013；Anderson *et al.*，2004；党安荣等，2001；周乐群和康大宁，2004）。

目前 GIS 在森林病虫害入侵风险评估研究中的应用一般有 3 种方式：①应用 GIS 内部提供的函数或者模型，根据已知的数据直接在 GIS 中建模，然后进行模拟预测。模型的验证一般是根据确定的限制因素生成物种适合生存地区的地图，然后与实际的分布图相叠加。如戴霖等（2004）利用 GIS 对西花蓟马在中国的适生性进行了初步分析。周卫川研究福寿螺在中国的定殖风险的研究表明，福寿螺在我国危险区面积占 60%左右，对我国的水稻生产和生态安全构成严重威胁（周卫川，2004）。②通过与一些预测软件结合进行结果分析。某些模型（如 CLIMEX、BIOCLIM、HABITAT、DOMAIN）的预测结果能被 GIS 读取并集成进行分析。如程俊峰等（2006）利用 CLIMEX 分析了西花蓟马在中国的适生区，并利用 GIS 叠加分析了湖泊、寄主的影响，弥补了 CLIMEX 只能分析气候影响的缺点。2008 年邵丽娜用 GIS 插值功能把 CLIMEX 模型得到的 EI 值进行点到面的插值，得到了栎树猝死病在中国的适生区（邵丽娜，2008）。③基于网络 GIS 的实时预测方式。最有代表性的是 1993 年 Stockwell 开发的基于地理信息系统并利用统计方法进行分析的在线预测平台系统——WhyWhere 模型。网站本身提供了一个全球性的地理数据库，使用者需输入物种的空间分布数据，然后根据所研究对象选择环境数据，并进行系统参数的选定，最后运行模型并输出预测结果（贾文明，2005）。

基于 GIS 不仅使定量风险预测评估研究进一步深化，而且可从地理位置和气候分布的差异角度分析生物种群空间格局，这为生态学领域中的物种入侵、种群分布、景观生态等研究提供了有效的方法。

遥感技术能够长时间、大范围监测森林病虫害，通过反演参数间接反映病虫害爆发后寄主枯死状况。反演参数主要为归一化差异植被指数（Normalized Difference Vegetation Index，NDVI）、叶面积指数（Leaf Area Index，LAI）及植被覆盖度（Vegetation Coverage，VC）。其中，NDVI 被定义为近红外波段和可见光红光波段数值之差与两者之和的比值（Deering *et al.*，1978）。目前，应用最广的遥感植被指数产品为 NOAA/AVHRR、SPOT/Vegetation、MODIS 传感器上获取的 NDVI 时序数据产品。它们都提供了全球尺度上多空间分辨率、高时间分辨率的免费 NDVI 数据，其长时序数据集已被应用到许多领域，如全球变暖评价（Pettorelli *et al.*，2005）、物候变化（White *et al.*，2009）、植被长势（Tottrup *et al.*，2004）、地表覆盖监测（Hüttich *et al.*，2007）、植被荒漠化（Symeonakis *et al.*，2004）等研究领域。LAI 即单位土地上植物叶片总面积占土地面积的比例。目前主要有四类全球 LAI 产品：CYCLOPES（Baret *et al.*，2007）、ECOCLIMAP（Masson *et al.*，2003）、GLOBCARBON（Deng *et al.*，2006）与 MODIS（Yuan *et al.*，2011）。LAI 的遥感反演方法主要有：一是统计模型法，即实测 LAI 与植被指数建立回归模型；二是光学模型法，它基于植被的双向反射率分布函数模型是一种建立在辐射传输方程基础上的模型，将实测 LAI 作为输入变量，通过迭代计算来获取 LAI 值（Myneni *et al.*，2002）。植被覆盖度通常定义为植被（含叶、茎、枝等）在地表的垂直投影面积占统计区总面积的百分比，是评价地表植被覆盖的重要参数。目前主要有三类全球植被覆盖度产品：CNES/POLDER（Roujean *et al.*，2002）、FP5/CYCLOPES（Baret *et al.*，2007）、Geoland-2（Baret *et al.*，2013）。植被覆盖度的遥感反演方法主要有：一是统计模型法，即实测植被覆盖度与遥感数据的波段或植被指数建立回归模型；二是混合像元分解法，分解模型分为线性和非线性，通过求解各组分在混合像元中的比例，植被组分所占的比例即为植被覆盖度。其中，像元二分模型是线性混合像元分解模型中最常用的，其像元只由植被与非植被组成（Xiao *et al.*，2005）；三是机器学习法，包括神经网络、决策树、支持向量机等，通过确认训练样本、训练模型来估算植被覆盖度（Van de Voorde *et al.*，2008；Huang *et al.*，2008）。

1.2.3　森林病虫害传播模型模拟发展现状

引起森林病虫害的生物主要有病毒、真菌、细菌、类菌原体及病虫等，能在寄主间互相传染。与传统传染病建模类似，通过分析和模拟传染病的扩散过程，明确传播的关键参数，分析拟使用的免疫办法及干预措施的效果，为防治决策提供科学依据（钟少波等，2008）。

传染病的传播模型可追溯到 Daniel（1760）对天花的分析，而确定性传染病研究则起始于 20 世纪。Hamer（1906）为理解麻疹的反复流行，构造了离散时间模型。Ross（1911）利用微分方程对疟疾传播于蚊-人进行了研究，结果表明，如果将蚊虫的数量减少到一个临界值以下，可控制疟疾流行。Kermack 与 McKendrick（1927，1932）为研究 1665-1666 年黑死病在伦敦的流行规律及 1906 年瘟疫在孟买的流行规律，构造了著名的 SIR 仓室模型及 SIS 仓室模型。后续研究者陆续提出考虑疾病潜伏期的 SEIR、考虑病人治愈后并非永久免疫的 SIRS 等传染病微分方程模型（马知恩等，2004）。这些微分方程模型只针对传染病在时间上的传播特征进行建模，并未考虑传染病空间流行过程的变化特征；且都属于确定性模型，忽略了随机因素对传染病传播的影响。

另一类传染病模型研究热点为数理分析法，通过处理和分析大量样本病例数据，研究病例数理与时间等因素间的关系，建立传染病发展趋势的预测模型。常见有回归分析模型、时间序列模型、灰色理论模型、神经网络模型（Artificial Neural Network）、马尔可夫链（Markov Chain）及蒙特卡罗（Monte Carlo）算法模型等。

近年来出现的复杂系统方法，如元胞自动机（Cellular Automation，CA）、多智能体系统（Multi-Agent System，MAS）等（Mikler *et al.*，2005；Donnelly *et al.*，2003），不仅可在时空上对传染病流行进行建模，亦可引入随机因素对流行特征进行多方面的研究。元胞自动机是在空间和时间上都离散的动力系统，散布在格网上的元胞取有限的离散状态，按照指定的局部规则对元胞状态进行同步更新，构成动态系统的演化。它是通过距离效应来处理动态问题，而传染病也是依赖于某些传播规律及所处空间环境来描述和预测其发展趋势。多智能体系统的基本模拟单位是智能体，一个智能体是一个系统内的任何参与者、任何能产生影响自身和其他智能体的实体。复杂系统方法将病害预测由传统的时间尺度上升到加入空间尺度，由静态分析扩展为动态跟踪与模拟，并拓展至计算机可视化应用，其研究能为病害的空间预测及动态模拟研究提供代表性的解决方案。

1.2.4 "树流感"风险评估及分析预测现状

2003年，美国加利福尼亚大学伯克利分校的Kelly实验室基于WebGIS建立了"树流感"的时空分布动态数据库（http：//www. oakmapper. org/），实时更新并记录"树流感"实际爆发点，该数据库成为众多学者研究"树流感"的基础数据库（Kelly，2003）。Meetemeyer（2004）等考虑寄主植物类型、病原菌传播及繁殖的气候条件，用基于规则的方法把寄主种类指数、温湿度共5个变量引入GIS中，预测"树流感"在美国加利福尼亚州的适生区划分。Guo（2005）等考虑气候、地形及寄主等14个变量用二类SVM模型预测了"树流感"在加利福尼亚州的潜在分布。Roger Magarey（2006）等选取平均气温、平均降水量、湿度以及云覆盖量等气候因子构建气候风险图及寄主植物分布图，基于传染病模型对"树流感"在全美及全球的风险进行制图。Venette等（2006）用CLIMEX模型预测了该病在全美的潜在分布。Kelly（2006）等对比分析了基于规则的专家引导方法、线性回归方法LR、分类与回归树方法CART、遗传算法GA、支持向量机算法SVM等5种环境生态位模型预测"树流感"风险的精度，结果表明支持向量机的方法具有最高的准确度。Kluza（2007）用地形因子、气候因子以及归一化植被指数NDVI等因子建立图层，把这些图层引入GARP模型评估"树流感"的地理风险及可能的来源地，得到"树流感"在美国及全球的适生区划，并认为"树流感"可能起源于东亚。Václavík（2010）用多标准评价方法与最大熵模型预测了"树流感"在美国俄勒冈州的适生分布。在欧洲，Sansford等（2009）基于气候图以及Meetemeyer于2004年建立的分级系统预测了"树流感"在欧洲的潜在分布。

国外"树流感"风险评估研究已比较成熟，专家学者们采用多种适生性研究方法预测评估了该病在其主要爆发区的潜在分布情况，但我国在"树流感"风险评估研究相对十分缺乏。2004年廖太林对栎树猝死病菌进行了风险分析，认为栎树猝死病菌虽然在我国尚未有分布，但传入中国、在中国定殖、定殖后扩散的可能性以及能引起的潜在经济影响均极大（廖太林和李百胜，2004）。2008年邵立娜等人基于CLIMEX软件预测了栎树猝死病在中国的适生区（邵立娜，2008）。同年陈培昶利用城市绿地有害生物风险分析体系，从病原菌传入、种群定殖、潜在的危害严重度等方面分析了栎树猝死病菌的风险性（陈培昶，2008）。

1.3 小结

本章对“树流感”概念的提出及演化发展进行了整体全面的介绍。首先对“树流感”概念的由来及演化历史、“树流感”起源及分布、“树流感”病原与寄主、“树流感”传播与防控进行了详细介绍，然后从有害生物风险分析的空间信息技术进展、森林病虫害入侵风险预测评估技术现状、森林病虫害传播模型模拟发展现状、“树流感”风险评估及分析预测现状 4 个方面全面阐述了“树流感”风险评估及预测预警的国内外最新研究进展，本章为全书提供了背景介绍。

第2章

“树流感”全球环境因子数据集建立

本章针对“树流感”潜在爆发风险预测预警适用数据选取，在全球范围和区域范围内均选取遥感数据、气象数据；地形数据虽适用于区域尺度，但与病菌适生性无明显相关关系（Václavík *et al.*，2010）。

中国尚未发生"树流感"，但针对不同尺度上哪些数据适用于风险预测研究，已有众多研究者进行论述（Kotliar *et al.*，1990；Wu *et al.*，1995；Turner *et al.*，2001；Willis *et al.*，2002；Pearson *et al.*，2003），环境因子变量适用的尺度范围如表 2-1 所示。气象数据由于气象观测站分布及数据插值方法，一般用于较大尺度，对较小尺度如景观尺度以下，其值不会有较大变动；其他如地形数据、土地利用、土壤类型等数据，均有其适用尺度；对于遥感数据，因其采集平台的不同，使得不同空间分辨率下均能获取较为精确的数据，这让遥感数据有着独特的应用价值。

表 2-1　环境因子变量适用尺度范围

	全球尺度 >10000km	洲级尺度 2000~10000km	区域尺度 200~2000km	景观尺度 10~200km	局部范围 1~10km	场地范围 10~1000m	细小范围 <10m
气象数据	←—	——	——→				
地形数据			←—	——	——→		
土地利用				←—	——	——→	
土壤类型					←—	——→	
生物交互作用					←—	——	——→
遥感数据	←—	——	——	——	——	——	——→

2.1　物种及寄主植物分布数据

栎树猝死病菌在德国、荷兰及美国，对大量寄主植物造成毁灭性打击，已严重影响当地的森林生态系统。近年来，虽然防治措施及出入境检疫手段都在不断完善与改进，但是仍然未能阻止"树流感"爆发。一方面是在已发生疫情的地区，病菌以厚垣孢子形式存活在土壤浅层、寄主，甚至漂流在水中；另一方面，由于病菌发源地及侵入途径不明确，导致无法从源头上查清病菌传入疫情地的方式，而病菌为适应生存环境，也在不断进化，目前已发现 4 种演化谱系。针对疫情爆发地的已染寄主，人们只能采取砍伐、烧毁或圈围的方式治理。中国与"树流感"爆发地间交通、贸易频繁，气候条件也十分相似，研究者在尼泊尔境内的喜马拉雅山脉附近及我国台湾北部的远古森林内都发现了该病菌。因此，中国是"树流感"潜在爆发风险较大的国家。

2.1.1　全球物种爆发点数据

美国伯克利大学森林病理学与真菌实验室的 SODMAP 及 OakMapper 项目提供了美国"树流感"爆发点数据，由于 2000 年之前未进行系统研究，也没有进行 SOD 爆发数据收集，因此，本章获取2000—2017年共18年全美受感染植被（含野外及苗圃植被）的样点分布数据。点位数据，包括确认感染寄主、感染水源等位置信息，且采集了未爆发"树流感"的位置作为不存在（negative）点。采集的植被位置范围控制在1km左右的圆形区域，水源的监测通过在水中放置饵剂进行。

对于欧洲地区"树流感"爆发数据采集工作，欧盟栎树猝死病菌风险分析小组（Risk Analysis for *Phytophthora ramorum*，RAPRA）汇总了2004—2006年全欧洲感染植被点位信息，与美国"树流感"爆发监测数据相比，欧洲地区同样收集了野外及苗圃感染植被；英国林业委员会（UK Forestry Commission）收集了英国2010—2013年共4年的全英国感染植被信息。欧洲地区未对水源进行监测，且都未提供矢量化数据，仅提供欧洲各国"树流感"爆发点的栅格影像，对此本章对欧洲地区的爆发点位进行矢量化处理。

将美国及欧洲地区的所有"树流感"爆发点位数据叠加在全球行政区划矢量图上，如图2-1所示。

2.1.2 中国寄主植物分布数据

美国动植物健康检疫局（APHIS）于2013年10月发布的最新栎树猝死病菌已确认寄主及易感寄主名单指出，全球已发现138种（属）植株自然受到侵染，其中经柯赫法则检验确定的寄主有47种（属），经PCR（聚合酶链式反应）检验的相关寄主有91种（属），在人工接种条件下，还有100多种植物可以发病并造成叶片枯萎，目前寄主植物的名单还在不断地扩大。APHIS最新寄主名单见附录一。

国家林业局植树造林司2006年发布了栎树猝死病危害通告，并给出病菌寄主名单，本书基于此并结合APHIS最新寄主名单，从国家自然科学基金委员会"中国西部环境与生态科学数据中心"获取到中国1∶400万植被图，包括自然植被和农业植被两部分，自然植被是按照七个植被群系纲组排列的，他们主要是根据植物群落的外貌并结合一定的生态特征而划分的。其中，属于乔木植被的有阔叶林和针叶林，属于灌木植被的有灌丛和荒漠，属于草本植被的有草原、草甸和草本沼泽。

植被图编码采用七位数字码，左起第一位数字分别为1、2、3、4，分别表示自然植被、农业植被、无植被地段、湖泊。对于自然植被，第二位数字表示植被纲组；第三、四位数字表示植被群系纲；第五、六、七位数字表示植被群系组。对于农业植被，第二位数字表示几年几熟的连作的耕作制度结合着具有一定生活型的经济林，这位数字表示的草本群落还反映了人类目前尚不能改造的大气气温所制约的耕作制度；第三、四位数字为空位，分别用"0"表示；第五、六、七位数字表示最基本的制图单位（或一定的生态地段）。

结合APHIS名单，筛选自然植被中占优势的类似种属植被作为中国栎树猝死病菌潜在寄主，此处尽可能地选择所有与APHIS名单内确定寄主及潜在寄主相同种属的中国植

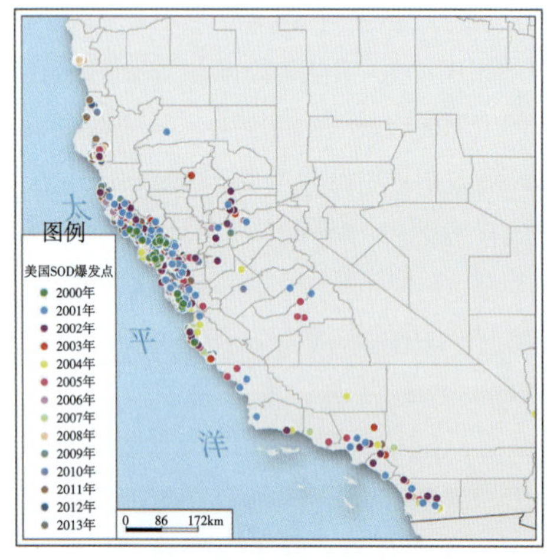

（a）"树流感"物种点在美国加利福尼亚州的空间分布

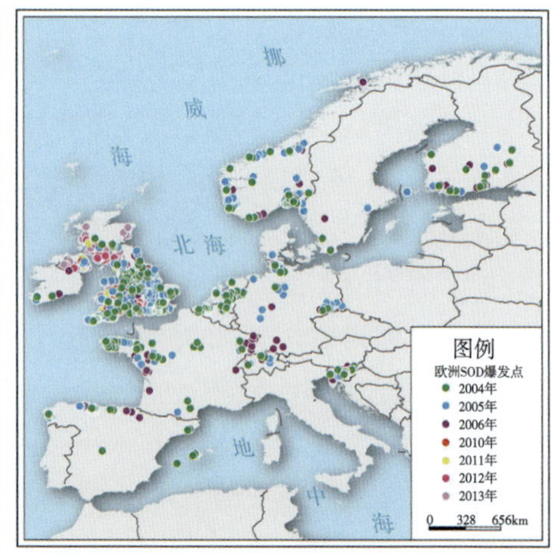

（b）"树流感"物种点在欧洲地区的空间分布

图 2-1　全球"树流感"爆发点空间分布图

被，提取符合要求的植被编码，然后获取其空间分布，结果如图 2-2。中国栎树猝死病菌潜在寄主在北方主要为落叶松林；在新疆有少量杉木；在甘肃、青海、西藏等地主要为金缕梅、杉木；在其他地区主要为杜鹃、栎类、栲、樟科、茶科杂木林、蔷薇、荚蒾等，具体选取名单见附录二。中国栎树猝死病菌潜在寄主的空间分布图可以将模型预测结果限定在潜在寄主分布区内，消除无潜在寄主地区的无效值。

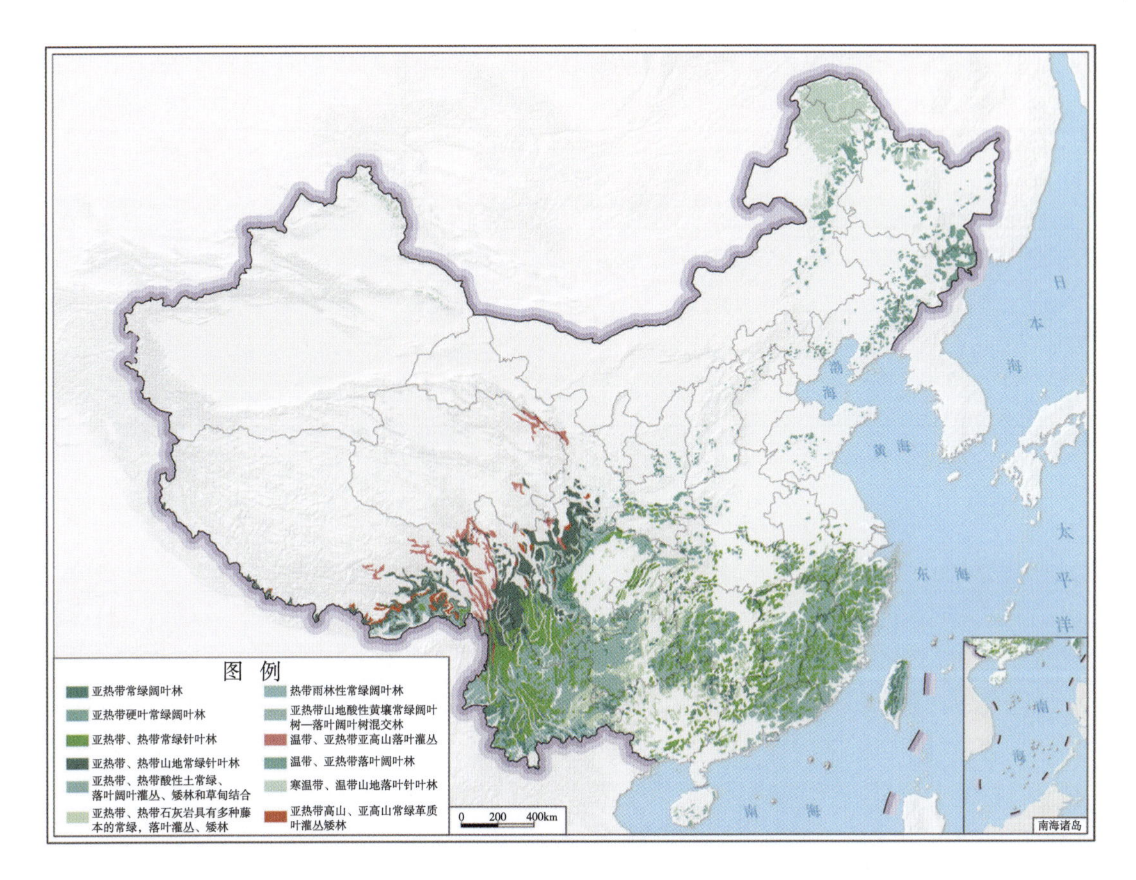

图 2-2 中国栎树猝死病菌潜在寄主的物种分布图

2.2 遥感数据

在全球尺度上收集全球长时间序列（1981—2011 年）的 LAI 数据、全球地表覆盖分类数据；在中国区域收集中国地区 NDVI 数据、中国地区地表覆盖分类数据等。

2.2.1 全球长时间序列遥感产品

栎树猝死病菌自 20 世纪 90 年代初发现后危害至今，应获取此时间跨度内的全球遥感监测数据产品。先进甚高分辨率辐射仪（The Advanced Very High Resolution Radiometer，AVHRR）是装载在美国国家海洋与大气局（The National Oceanic and Atmospheric Administration，NOAA）所属的极轨环境卫星 NOAA 系列上的主要探测仪器，为五光谱通道的扫描辐射仪，各光谱通道分别为 B1（0.55～0.68μm）、B2（0.725～1.1μm）、B3（3.55～3.93μm）、B4（10.5～11.3μm）、B5（11.5～12.5μm）。星上探测器扫描角为±55.4°，相当于探测地面2800km宽的带状区域。AVHRR的星下点分辨率为1.1km，但为了用于洲级及全球范围的研究，AVHRR数据经常被重采样为较低空间分辨率的数据。GIMMS（Global Inventory Modeling and Mapping Studies）数据集的遥感平台随时间推移有所变化，如表2-2所示。

表2-2 GIMMS数据集遥感平台对应起止时间表

AVHRR传感器	起始时间	终止时间	
NOAA-7	1981.07	1985.02	所用数据集时间序列为1981—2011年
NOAA-9	1985.02	1988.11	
NOAA-11	1988.11	1994.09	
NOAA-9（降轨）	1984.09	1995.01	
NOAA-14	1995.01	2000.10	
NOAA-16	2000.11	2003.12	
NOAA-17	2004.01	至今	

全球长时间序列GIMMS LAI产品由美国波士顿大学Ranga B. Myneni教授等提供，他们利用GIMMS NDVI3g数据与高质量的MODIS LAI产品，基于神经网络算法获取了1981—2011年共31年的LAI3g数据，时间分辨率为15天，空间分辨率为0.083°（Zhu *et al.*，2013）。该套数据已被众多学者应用于多个领域的研究，并在*Remote Sensing*期刊上开设该产品应用专刊，与众多研究者共同检验、评价了该套数据。

在长时间序列遥感数据处理中，为了提高计算效率、减少数据波动和降低数据维数，借鉴半月MVC（Maximum Value Composites）合成思想，将每两旬LAI数据合成为每月LAI数据，并按年际进行平均合成，得到1981—2011年间12幅月均LAI数据。

2.2.2 中国地区遥感产品

获取中国地区遥感监测数据是为中国栎树猝死病菌时空传播模拟服务，相对于全球尺度，区域尺度上建模所用遥感数据的空间分辨率更高。中分辨率成像光谱仪（MODerate-resolution Imaging Spectroradiometer，MODIS）是搭载在Terra和Aqua卫星上的一个重要的传感器，有44种产品，按专题分为4类：标定产品、陆地产品、大气产品和海洋产品，这些产品按照文件格式又分为4类：Level1、Level2/Level2G、Level3、Level4（L）。其中，L1-L2文件为卫星格式（Swath，只有行列号），L2G-L4文件为地球格式（Grid，与地球投影对应）。

MODIS 提供了六种植被指数产品（Vegetation Indices），分别为：MO（Y）D13Q1（16 天合成 VI，L3/250m）、MO（Y）D13A1（16 天合成 VI，L3/500m）、MO（Y）D13A2（16 天合成 VI，L3/1000m）、MO（Y）D13C1（16 天合成 VI，L3/0.05°）、MO（Y）D13A3（月合成 VI，L3/1000m）、MOD（Y）13C2（月合成 VI，L3/0.05°），其中，MOD 为 Terra 产品 ID，MYD 为 Aqua 产品 ID。

MODIS 的 VI 产品提供了全球连续观测、较高时空分辨率的数据，其产品包括归一化植被指数（Normalized Difference Vegetation Index，NDVI）及增强型植被指数（Enhanced Vegetation Index，EVI）。本章从 USGS 下载得到中国地区 2013 年 1-12 月 MOD13A3 中 NDVI 数据，利用 MODIS 重投影工具（MODIS Reprojection Tool，MRT）将所有数据重投影至 WGS84（World Geodetic System 1984）。利用像元二分法模型对 NDVI 数据处理得到植被覆盖度，像元二分法的表达式为：

$$FC=\frac{NDVI-NDVI_{soil}}{NDVI_{veg}-NDVI_{soil}} \tag{2-1}$$

其中，$NDVI_{soil}$ 为完全是裸土或无植被覆盖度区域的 *NDVI* 值；$NDVI_{veg}$ 为完全被植被覆盖像元的 *NDVI* 值，即纯植被像元的 *NDVI* 值。根据整幅影像上 *NDVI* 值的灰度分布，以 0.5%置信度截取 *NDVI* 的上下限阈值分别代表 $NDVI_{veg}$ 及 $NDVI_{soil}$（Gutman，1991；李苗苗，2003）。

2.2.3 地表覆盖分类数据

栎树猝死病菌寄主覆盖乔、灌木、草本等植被，其他无植被覆盖区域不具有爆发风险。地表覆盖分类数据选取 GlobCover 2009，它是由欧洲太空局（ESA）、欧洲委员会联合研究中心（JRC）、联合国粮农组织（FAO）、欧洲环保署（EEA）、联合国环境规划署（UNEP）、森林和土地覆盖动态全球观测执行小组（GOFC-GOLD）及国际地圈-生物圈计划（IGBP）共同协作完成的。GlobCover 2009 采用了 2009 年 ENVISAT 卫星上的 MERIS（Medium Resolution Imaging Spectrometer）传感器的 FRS（Fine Resolution Full Swath）数据，在数据生成过程中，主要选取了 MERIS 传感器在 2009 年 1 月 1 日至 12 月 31 日期间所接收的较高质量的影像数据，来进行图像合成。它使用"联合国食品和农业组织的地表覆盖分类系统"（UN Food and Agriculture Organization's Land Cover Classification System，LCCS）分类体系（Arino *et al.*，2010），将全球地表覆盖类型分为 22 个类型，用不同颜色代表各类别（表 2-3）。与其他全球地表覆盖数据集产品相比（如 IGBP DISCover、UMD、MOD12Q1、GLC2000），GlobCover 2009 优势在于空间分辨率较高（300m），对乔木、灌木、草本等从郁闭到开放的分类较细。图 2-3 为全球 GlobCover2009 地表覆盖分类图。

表 2-3　GlobCover 2009 全球土地覆盖类别表

类别编码	类别说明	颜色
11	过水或灌溉耕地	
14	旱地	
20	耕地（50%~70%）/植被（草地、灌木、林地）（20%~50%）	
30	植被（草地、灌木、林地）（50%~70%）/耕地（20%~50%）	
40	郁闭到开放（>15%）常绿阔叶林/半落叶林（>5m）	
50	郁闭（>40%）落叶阔叶林（>5m）	
60	开放（15%~40%）落叶阔叶林（>5m）	
70	郁闭（>40%）常绿针叶林（>5m）	
90	开放（15%~40%）落叶/常绿针叶林（>5m）	
100	郁闭到开放（>15%）针阔混交林（>5m）	
110	林地、灌木（50%~70%）/草地（20%~50%）	
120	草地（50%~70%）/林地、灌木（20%~50%）	
130	郁闭到开放（>15%）灌木（<5m）	
140	郁闭到开放（>15%）草地	
150	稀疏（>15%）植被（木质植被、灌木、草地）	
160	郁闭（>40%）水浸阔叶林	
170	郁闭（>40%）水浸阔叶半落叶、常绿阔叶林	
180	郁闭到开放（>15%）水浸植被（木质植被、灌木、草地）	
190	人工建设用地（建筑用地>50%）	
200	裸地	
210	水体	
220	长年积冰、雪	

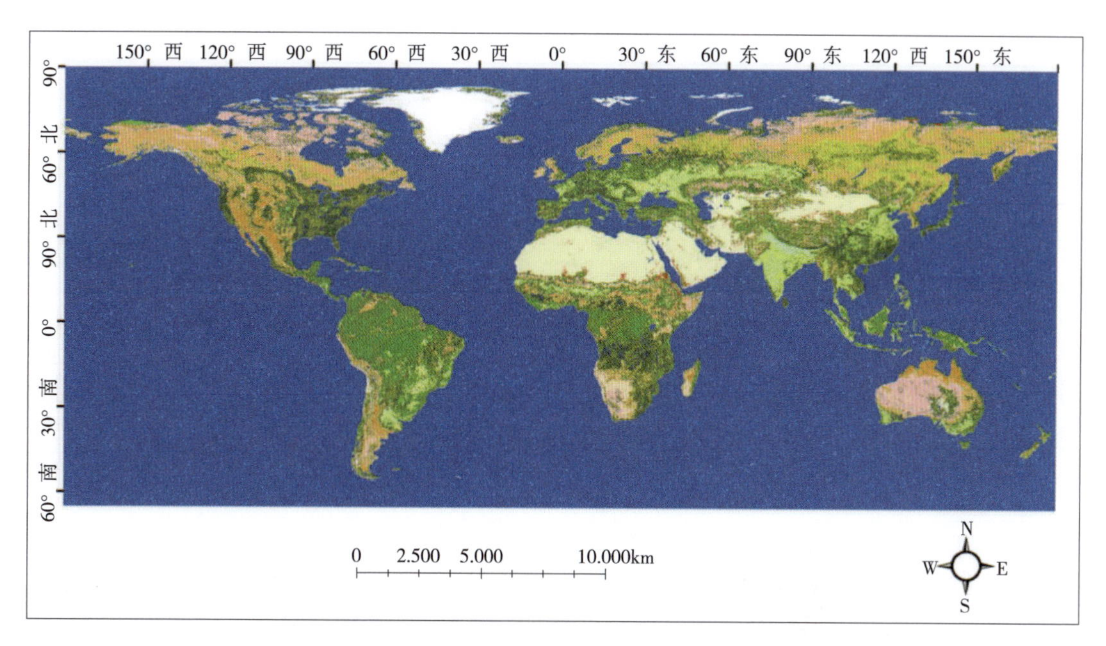

图 2-3 GlobCover2009 地表覆盖分类数据

2.3 气象数据

在全球和中国尺度上，在当前和未来气候模式下所使用的气象数据来源和时空分辨率各有不同，具体如下所述。

2.3.1 全球气象数据

全球气象数据采用了东英格利亚大学气候研究中心 CRU（Climate Research Unit）提供的全球陆地地表月均值气象数据，它由全球 4000 余个气象观测站点提供的气象观测数据插值得来。目前提供的最新版包含了云盖量、昼夜温差、霜日率、潜在蒸腾量、降水量、(日均/月均) 最高温/最低温及水汽压数据等，时间范围为 1901 年 1 月至 2012 年 12 月，空间分辨率为 0.5°×0.5°。为与 GIMMS LAI 的时间范围一致及满足后续生物气候变量提取，获取了 1981 年 1 月至 2012 年 12 月的最高温、最低温、降水量的累年月平均值，通过双线性插值法，将 CRU 气象数据插值为 0.083°，与 LAI 数据空间分辨率一致。

2.3.2 中国气象数据

中国地区气象数据是为中国地区栎树猝死病菌传播模拟提供数据服务。从中国气象科学数据共享服务网下载得到中国地面气候资料日值数据集（2013 年 1~12 月）。获取该数据包括中国 752 个基准、基本地面气象站观测站及自动站采集的平均气温（0.1℃）、降水量（0.1mm）、平均相对湿度（1%）。中国地区各气象数据观测站及自动站点分布如图2-4。

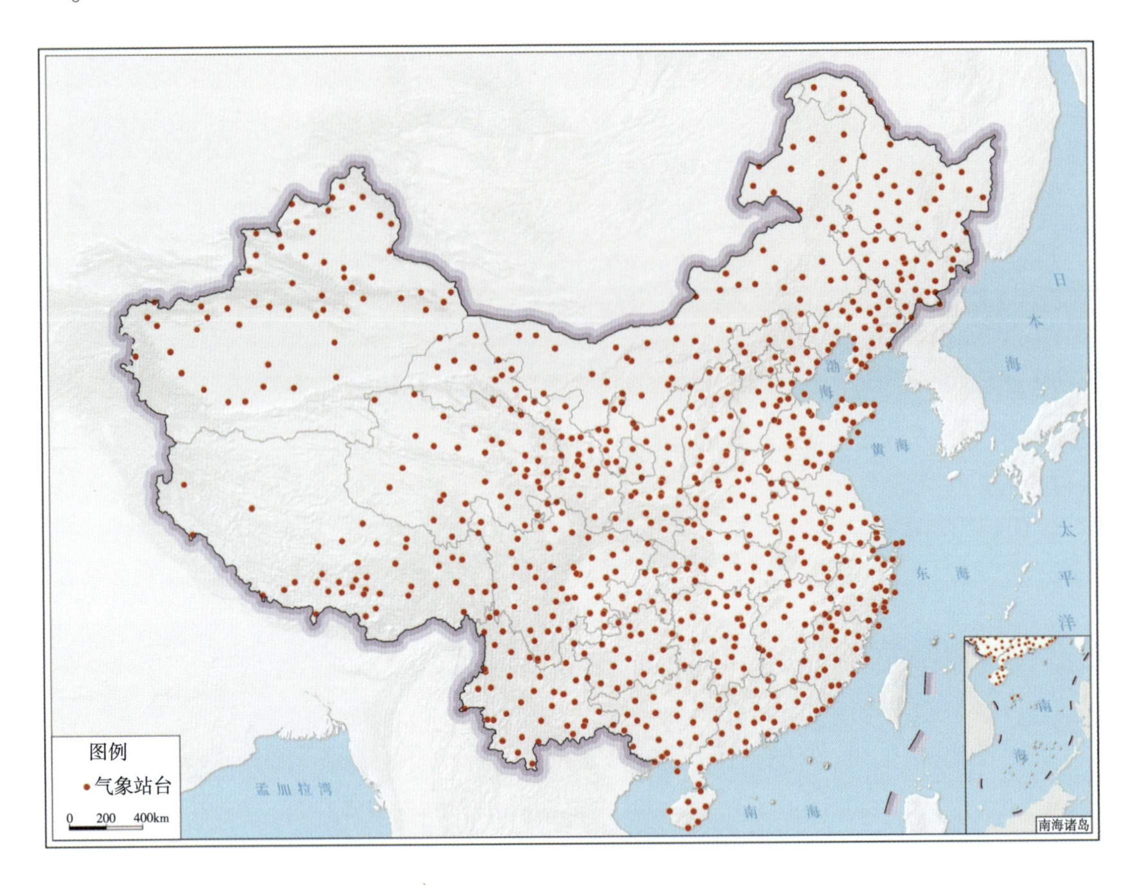

图 2-4　中国气象站台分布示意图

对研究区内的气象要素数据进行预处理，先依据“数据集说明”删除无效值后将原始ASCII 文件数据转换为浮点型数据；然后，计算 2013 年全年每七天合成的平均气温、降水量、相对湿度；最后，对各处理后的气象要素数据进行空间插值。利用 ArcGIS10.1 中的“join”功能，以站点编号为连接符，连接各气象要素数据进行站点数据匹配，生成各气象要素数据的点矢量图层。利用“反距离权重法”（Inverse Distance Weighted，IDW）对各气象要素矢量点进行空间插值处理，获得各气象要素数据的栅格数据。IDW 插值使用一组采样点的线性权重组合来确定像元值，进行插值处理的表面应具有局部因变量，权重为一种反距离函数。IDW 主要依赖于反距离的幂值，幂参数由距输出点的距离控制已知点对内插值的影响，默认值为 2。最终得到 2013 年研究区内的感兴趣气象要素数据的连续栅格数据。

2.3.3 未来气候情景数据

未来气候情景数据由政府间气候变化专门委员会（Intergovernmental Panel on Climate Change，IPCC）的第五次国际耦合模式比较计划（Coupled Model Intercomparison Project Phase 5，CMIP5）提供，该计划开发了针对辐射强迫而设定的稳定浓度为特征路径（Representative Concentration Pathways，RCPs）排放情景，包括了未来温室气体排放的RCP2.6—低辐射强迫情景、RCP4.5—中等辐射强迫情景、RCP6.0—较高辐射强迫情景、RCP8.5—高辐射强迫情景，各情景对应辐射强迫分布为2.6W/m^2、4.5W/m^2、6.0W/m^2、8.5W/m^2。其中，RCP2.6是指到了2100年温室气体浓度对应辐射强迫约为2.6W/m^2，峰值不超过3W/m^2，相当于CO_2浓度最高达到490ppm（1ppm=1μL/L，下同）；RCP4.5是指到了2100年温室气体浓度对应辐射强迫约为4.5W/m^2，相当于CO_2浓度达到650ppm；RCP6.0是指到了2100年温室气体浓度对应辐射强迫约为6.0W/m^2，相当于CO_2浓度达到850ppm；RCP8.5是指到了2100年温室气体浓度对应辐射强迫大于8.5W/m^2，相当于CO_2浓度大于1370ppm（Moss *et al.*，2010）。相对于上一代气候模式，CMIP5在动力框架、物理过程模式及空间分辨率等方面都有改进，所使用的外胁迫数据更接近实际情况（朱献等，2013）。从Worldclim下载得到2050年、2070年两期数据，包括了全球5 minutes空间分辨率的四种气候变化情景的最高温、最低温、降水数据、生物气候变量。选取HadGEM2-ES（英国）大气耦合模式下各情景数据，它是Hadley Global Environment Model 2中对应Earth System的子模型，由英国Met Office Hadley Centre为CMIP5开发。HadGEM2-ES由全球气象观测站点获取的历史气象数据预测与模拟未来不同气候情景下的数据，其系统包含了陆地地表及海洋碳循环过程，其模拟数据已被用于多次研究（Collins *et al.*，2008）。

2.4 野外实地调查数据

中国尚未有栎树猝死病发生案例，但野外森林健康调查实验非常有必要，一是通过长时间地面监测，可获取最新森林健康信息；二是调查地面森林结构参数，为遥感反演森林结构参数提供地面验证数据。我们在中国选取多个野外森林调查样地，分布在各个栎树猝死病潜在寄主区域内，同时，咨询当地林业部门关于该病害的监测信息。

中国栎树猝死病野外森林抽样调查共选取12个典型实验区，分布在9省2直辖市。包括云南省普洱市及屏边苗族自治县、重庆市巫溪县、黑龙江省大兴安岭地区、四川省若尔盖县、福建省漳江口地区、江西省泰和县、山东省东营市黄河三角洲地区、上海市、青海省三江源地区、河北省张北县、海南省白沙县。

其中，云南省、重庆市、江西省、海南省的实验样地调查了潜在寄主信息（图2-5），并咨询当地林业部门，调查参数包括：土壤类型、海拔、郁闭度、乔木层、灌木层、草本

图 2-5 “树流感”野外调查实验工作场景

层的优势物种、种群密度、植被高度、单木参数，单木参数有单木物种、树高、胸径、冠幅；其他实验区作为辅助调查，询问了当地林业部门关于栎树猝死病的监测情况，并与当地林业管理部门合作建立了“树流感”爆发风险预测预警示范基地（图 2-6）。

图 2-6 “树流感”爆发风险预测示范点

2.5 基础地理区划数据

全球行政区划图采用了 Global Administration Areas 的 GADM V2 数据，包含了全球所有国家、地区的行政区划边界（http：//www. gadm. org/）。GADM 数据提供了多种格式：shapefile、ESRI geodatabase、RData、Google Earth kmz 格式等。GADM 数据中行政区界划非常精细，数据过大，此处按照数据属性表内国家、地区属性，将子类别进行合并，得到各个国家、地区的行政区划矢量数据。

中国地区行政区划数据来自于国家基础地理信息中心提供的 1∶100 万比例尺国家电子地图矢量数据集，矢量数据为 shapefile 格式，包括全国省级、地级、县级行政区划图；全国主要公路、主要铁路的矢量图；一到五级河流矢量图；国界等。

2.6 小结

本章主要介绍研究所用到的全球“树流感”爆发点数据、中国寄主树种分布数据、病菌环境因子数据集以及数据预处理工作。环境因子数据集包含遥感数据、气象数据、中国野外森林调查数据、基础地理区划等数据。在全球尺度上，收集并处理了 1981—2011 年全球 GIMMS LAI3g 产品，获取累年月均值 LAI 数据、1981 年 1 月至 2012 年 12 月的全球气象数据、CMIP5 提供的 2050 年、2070 年两期共四种气候变化情景的气象数据、GlobCover 2009 地表覆盖分类数据等；在中国地区，收集处理了 2013 年 1～12 月的 MODIS NDVI 数据、地面气候资料日值数据等；根据 APHIS 最新寄主名单与中国植被图，获取了栎树猝死病菌在中国的潜在寄主的物种分布专题图；在中国地区进行栎树猝死病菌野外森林调查实验，共包含海南省白沙县等 12 个典型实验区。

第3章

"树流感"全球时空分布及环境因子分析

栎树猝死病菌自 20 世纪 90 年代在德国、荷兰及美国被检疫出后，对大量寄主植物造成毁灭性打击，已严重影响当地的森林生态系统。近年来，虽然防治措施及出入境检疫手段都在不断完善与改进，但是仍然未能阻止 SOD 爆发。一方面是在已发生疫情的地区，病菌以厚垣孢子形式存活在土壤浅层、寄主，甚至漂流在水中；另一方面，由于病菌发源地及侵入途径不明确，导致无法从源头上查清病菌传入疫情地的方式，而病菌为适应生存环境，也在不断进化，目前已发现四种演化谱系。针对疫情爆发地的已染寄主，人们只能采取砍伐、烧毁或圈围的方式治理。中国与 SOD 爆发地间交通、贸易频繁，气候条件也十分相似，同时，研究者在尼泊尔境内的喜马拉雅山脉附近及台湾北部的远古森林内都发现了该病菌。因此，中国是 SOD 潜在爆发风险较大的国家。本章利用收集和处理的 SOD 相关数据，从时空两个方面对 SOD 疫情地的爆发情况及流行状况进行分析，并对栎树猝死病菌的生境进行研究。

3.1 “树流感”全球时空分布分析

在栎树猝死病疫情地收集数据时，由林业部门、科研院校及林场工作人员采集感染样本并记录采集点样地信息，经实验室检测为栎树猝死病菌后，将数据入库。栎树猝死病菌感染寄主类别繁多，统计寄主株数困难，因此，都是以监测样地点位置作为爆发数据。监测样地大小一般为 1km 的圆形样地。从时空两个方面对疫情地爆发数据进行分析，可帮助我们对 SOD 的爆发情况及流行状况有全面的认识。北美、欧洲两地入侵的栎树猝死病菌尽管存在少量的交叉入侵，但都是随苗木运输入境，在苗圃培育基地被发现且未有不同谱系的病菌同时在当地大规模爆发，其风险可控；同时，苗圃内植被受人为干预较多，苗木感染病菌不具代表性。因此本章分别对北美（NA 谱系）、欧洲（EU 谱系）的野外植被上的病菌进行时空分析。

SOD 野外爆发点分布在美国、欧洲，以郡（county）为基本行政区，将两地各郡的 SOD 爆发样地数据进行空间化，根据数据点密度，分为 6 个等级，如图 3-1 所示。SOD 爆发地主要集中在美国加利福尼亚州、俄勒冈州沿海地区、欧洲西部。其中，美国地区爆发点采集时间为 2000—2013 年，加利福尼亚州 Humboldt 郡的 SOD 爆发点数最多，共 998 个；其次为加利福尼亚州 Sonoma、Marin、San Mateo、Santa Clara、Monterey 郡与俄勒冈州 Curry 郡的 SOD 爆发点数较多，有 201～500 个；随后为加利福尼亚州 Contra Costa、Alameda、Santa Cruz 等郡，爆发点数有 101～200 个；再为加利福尼亚州 Mendocino、Napa、Solano、Los Angeles、San Diego 等郡的爆发点数 11～100 个；加利福尼亚州其他某些郡存在零星爆发点。欧洲地区爆发点采集时间为 2004—2006 年（欧洲全区调查，RAPRA 协调）、2010—2013 年（英国本国调查，英国林业委员会），其他时间段未有 SOD 爆发上报。英国 Devon 郡的 SOD 爆发点最多，爆发点数大于 151 个；其次为英国 Cornwall、Dumfries & Galloway 等郡的爆发点数为 100～151 个；随后英国 South Ayrshire、Lancashire、Powys、Monmouthshire 等郡的爆发点数有 51～100 个；而西班牙、法国、德国、英国等国都存在爆发点数为 11～50 个的郡。

3.1.1 “树流感”的空间自相关性分析

为研究空间中某 SOD 爆发点所在位置的观测值与其相邻位置的观测值是否相关以及相关程度，引入空间自相关分析。空间自相关，即研究空间中，某空间单元与其周围空间单元，就某种特征值，通过统计方法，进行空间相关性程度的计算，以分析这些空间单元在空间分布现象的特性。计算空间自相关的方法有许多种，最为常用的有：Moran’s I、Geary’s C、G statistics 等。空间自相关分为正相关和负相关，是检验某一要素的属性值是否显著地与其相邻空间点上的属性值相关联的重要指标。空间自相关分析可以分为全局自

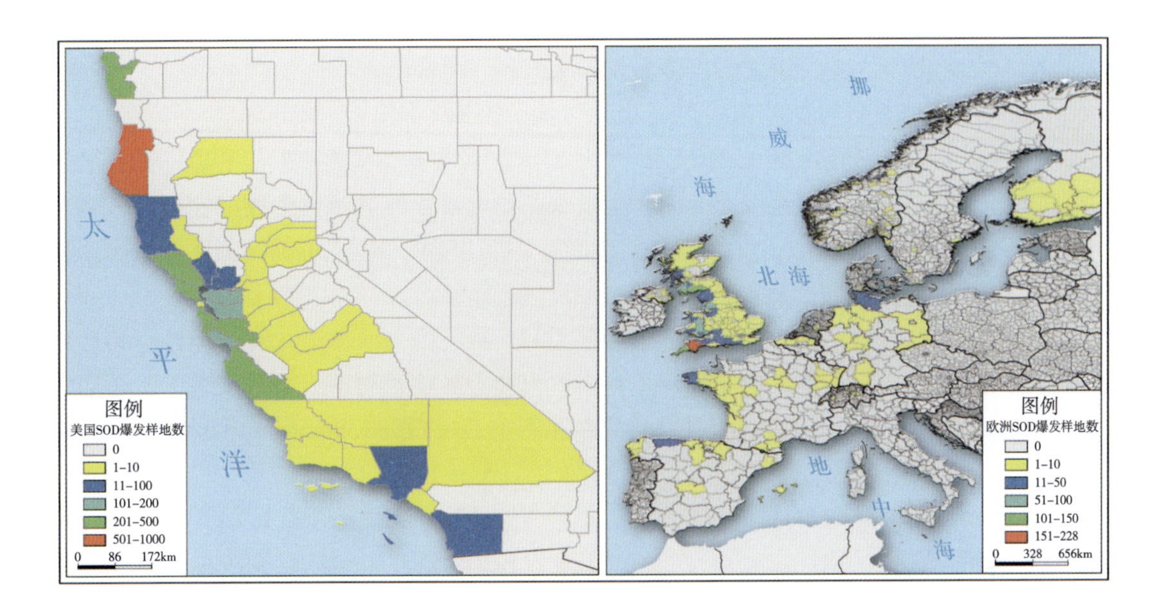

图 3-1 美国、欧洲各郡栎树猝死病爆发点数分级图

相关分析和局部自相关分析两部分（Moran，1950；Cliff and Ord，1973；Getis and Ord，1992）。

全局 Moran's I 从总体上反映了研究目标的空间相关性，它不能反映某个区域与周围区域是正相关还是负相关以及相关程度。其公式是：

$$I=\frac{n\sum_{i=1}^{n}\sum_{j=1}^{n}W_{ij}(x_i-\bar{x})(x_j-\bar{x})}{\sum_{i=1}^{n}\sum_{j=1}^{n}W_{ij}\sum_{i=1}^{n}(x_i-\bar{x})^2} \tag{3-1}$$

其中，$i\neq j$，n 是参与分析的空间区域个数；x_i 和 x_j 分别表示该区域对应的某属性特征，$\bar{x}$ 为区域观测值的均值；W_{ij}是空间权重矩阵，表示区域 i 和 j 的邻近关系，若 i 和 j 相邻，则 $W_{ij}=1$，否则 $W_{ij}=0$，$S_0=\sum_{i=1}^{n}\sum_{j=1}^{n}W_{ij}$，$(1\leqslant i,\ j\leqslant n)$。

其对应检验公式：

$$Z(I)=\frac{1-E(I)}{\sqrt{Var(I)}} \tag{3-2}$$

相应的方差：

$$Var(I)=\frac{1}{S_0^2(n^2-1)}(n^2S_1-nS_2+3S_0^2)-\frac{1}{(n-1)^2} \tag{3-3}$$

其中：

$$S_0 = \sum_{ij} W_{ij},\ S_1 = 2\sum_{ij} W_{ij}^2,\ S_2 = 4\sum_i W_i^2,\ W_i = \sum_j W_{ij} \tag{3-4}$$

全局 Moran's I 统计量取值范围为-1 到 1 之间。$I<0$ 时，代表空间负相关；$I>0$ 时，代表空间正相关；$I=0$ 表示空间无相关；$I=1$ 时表示很强的正相关性；$I=-1$ 时，表示很强的空间负相关性。但该统计量只是从总体上反映了研究目标的空间相关性。要想了解某个单元与周围单元的相关性（正负以及相关程度）需要借助于局部 Moran's I 系数。计算结果可分别采用随机分布和近似正态分布两种假设进行验证。

当需要进一步考虑是否存在观测值的局部空间集聚、哪个区域单元对于全局空间自相关的贡献更大以及空间自相关的全局评估在多大程度上掩盖了局部不稳定性时，就必须应用局部空间自相关分析，包括空间联系的局部指标（Local Indicators of Spatial Association, LISA）、G 统计、Moran 散点图。本章选择 LISA 进行分析。

局部 Moran's I 指数要求满足两个条件：每个空间单元的 LISA 反映该单元与空间相邻近单元的空间聚集性的指标，且全部空间单元的 LISA 相加与全局指标成正比。第一个条件说明 LISA 是一个局部空间相关的测度；第二个条件说明可把全局空间相关系数分解成各个区域上的空间自相关性（徐敏，2011）。

对于第 i 个区域单元，Moran's I 的 LISA 定义：

$$I = \frac{(x_i - \bar{x})}{S^2} \sum_{j,\ j \neq 1}^{n} W_{ij}(x_j - \bar{x}) \tag{3-5}$$

其中：

$$S = \frac{1}{n} \sum_{i=1}^{n} (x_i - \bar{x})^2,\ \bar{x} = \frac{1}{n} \sum_{i=1}^{n} x_i \tag{3-6}$$

本章利用全局 Moran's I 空间自相关分析方法以郡级行政区划单元为基本单元对美国及欧洲地区的 SOD 爆发点进行全局自相关分析。得到美国地区的全局 Moran's I 统计量为 0.18，聚集性在 0.01 的水平下显著，表明 SOD 在美国的分布存在一定的正相关；欧洲地区的全局 Moran's I 统计量为 0.86，聚集性在 0.01 的水平下显著，表明 SOD 在欧洲的分布存在很强的正相关。

为进一步分析各相关单元所在具体位置及相关性大小，本章利用局部自相关法对两地进行分析。图 3-2 为美国 SOD 爆发点局部空间自相关性的 LISA 聚集地图。其中，不同的颜色代表不同的空间自相关类型：深红色（High-High，HH）表示高-高，深蓝色（Low-Low，LL）表示低-低，浅红色（High-Low，HL）代表高-低，浅蓝色（Low-High，LH）代表低-高。所有结果的显著性均小于 0.05。

高-高和低-低位置（正局部空间自相关）称为空间聚集，高-低和低-高位置（负局部空间自相关）称为空间离群。显示在 LISA 聚集图中的所谓的空间聚集只是聚集中心，

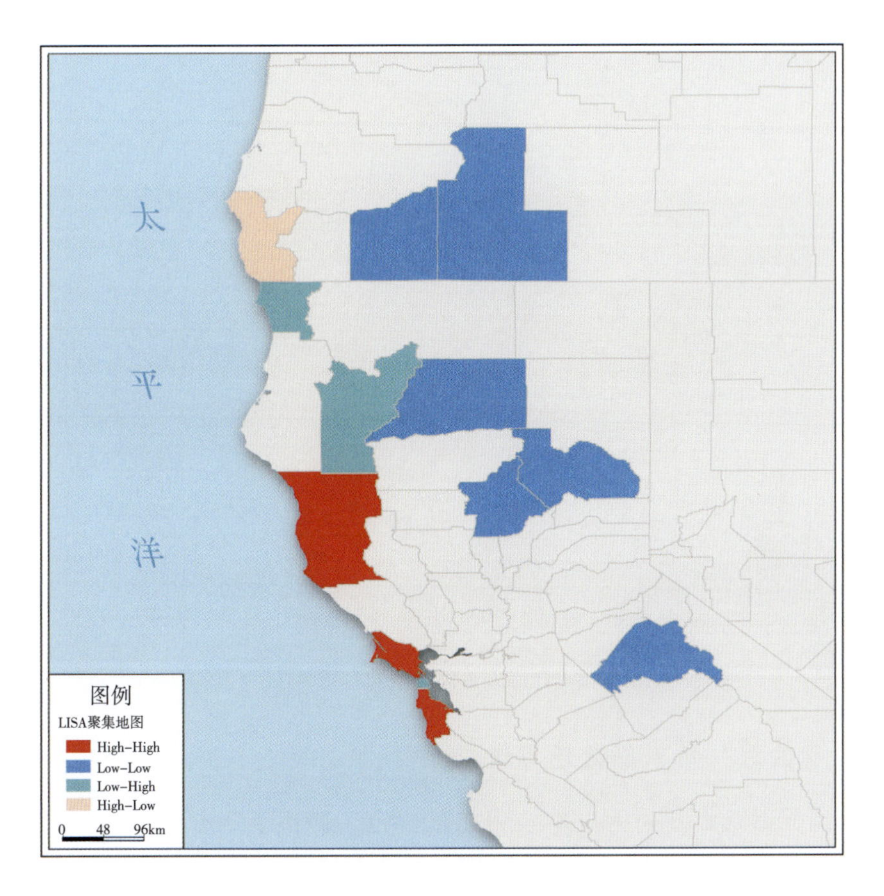

图 3-2 美国 SOD 爆发点局部空间自相关性分析结果图

而离群位置则是单个空间位置，不是聚集中心。由美国 SOD 爆发点的 LISA 聚集地图，高-高聚集中心为加利福尼亚州 Marin、Mendocino 与 San Mateo 三个郡，而低-低聚集中心为加利福尼亚州 Jackson、Shasta、Tuolumne、Klamath、Plumas 与 Butte 等六个郡；高-低离群位置为俄州的 Curry 郡，而低-高离群位置为加利福尼亚州 Trinity、Del Norte 与 San Francisco 三个郡。

图 3-3 为欧洲 SOD 爆发点局部空间自相关性的 LISA 聚集地图。因其行政区划单元较小，导致 LISA 聚集单元较多。高-高聚集中心主要分布在英格兰、苏格兰地区、芬兰南部、德国北部、法国西部及西班牙北部等地区，而低-低聚集中心在欧洲大部分地区都有分布；高-低离群位置有 Barcelona、Falkenberg、Lom、Magherafelt、Sarpsborg、Steinkjer、Toledo、Nyköping、Là dal 及 Gäsene 等郡，而低-高离群位置为与高-高聚集中心邻近的郡。

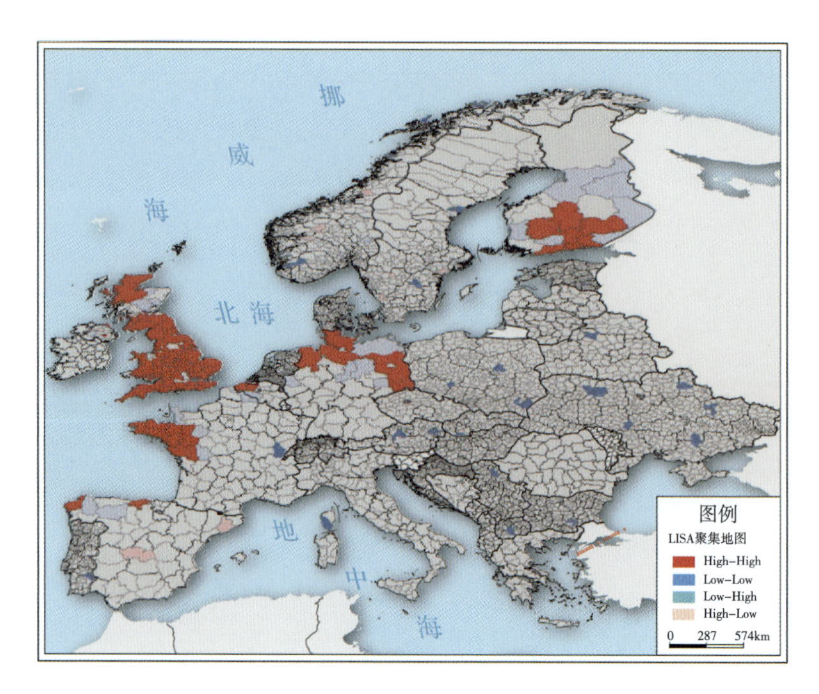

图 3-3 欧洲 SOD 爆发点局部空间自相关性分析结果图

3.1.2 "树流感"爆发的时序分析

美国地区数据采集归档的工作较为完整规范，提供了 2000 年 1 月至 2013 年 12 月每个月感染栎树猝死病菌的寄主位置信息，如图 3-4（1）；欧洲地区因国家较多，数据归档细化工作不完整，调查归档的数据只提供到 2004—2006 年欧洲地区及 2010—2013 年英国地区的年度感染样地如图 3-4（2），在 2007—2009 年间未有 SOD 爆发数据采集记录。

时间序列数据可分为长期趋势变动成分（Trend fluctuation）、循环周期变动成分（Cycle fluctuation）、季节变动成分（Seasonal fluctuation）和不规则变动成分（Irregular fluctuation）。其中，长期趋势变动成分代表数据时间序列长期的趋势特性；循环周期变动成分是以数年为周期的一种周期性变动；季节变动成分是每年重复出现的循环变动；不规则变动成分又称随机因子、残余变动或噪声，变动并无规则。季节变动成分与循环周期变动成分的区别为前者是固定间距（如季或月）中的自我循环，后者是从一个周期变动到另一个周期，间距较长且不固定的一种周期性波动。

进行数据时序分析时，必须去除季节性波动影响，剔除季节要素。对美国地区 SOD 爆发点时间序列通过 X-12-ARIMA 自回归集成移动平均法（auto-regressive integrated moving average）进行季节调整，季节调整后的数据剔除了季节变动和不规则变动的影响，只剩下趋势循环变动成分（Trend&Cycle，TC fluctuation）（Dagum *et al.*，1988）。

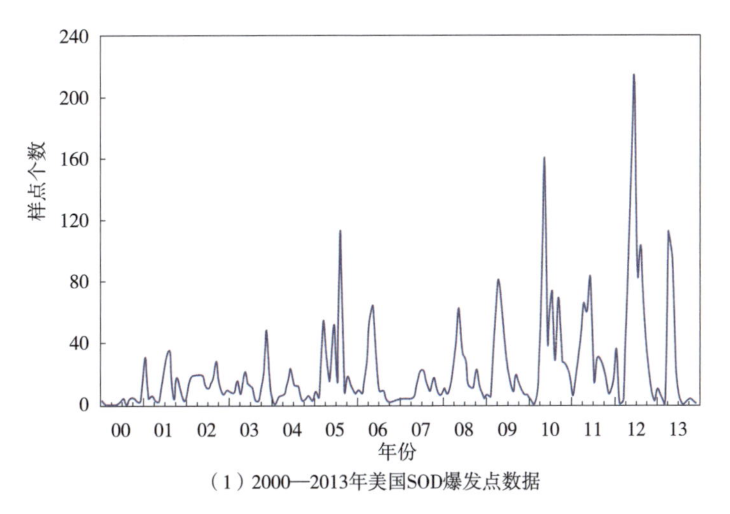

（1）2000—2013年美国SOD爆发点数据

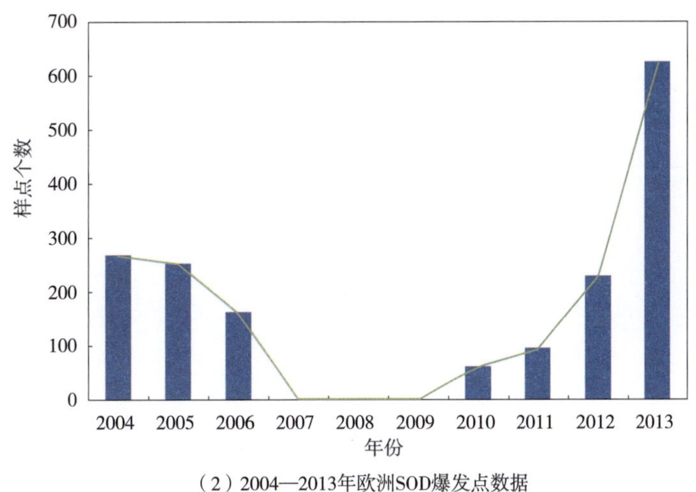

（2）2004—2013年欧洲SOD爆发点数据

图 3-4 全球 SOD 爆发点数据时间分布情况

X-12-ARIMA 季节调整方法是扩展的 X-11 季节调整程序（Findley *et al.*，1998）。共包含 4 种季节调整的分解形式：加法、伪加法、对数加法及乘法模型。爆发点数中含 0 值，故采用加法模型：

$$Y_t = TC_t + S_t + I_t \tag{3-7}$$

式中，Y_t 表示一个无奇异值的月度时间序列，TC_t 表示趋势循环成分，S_t 表示季节变动成分，I_t 不规则变动成分。

对趋势循环变动成分应用 Hodrick-Prescott（HP）滤波方法剔除趋势变动成分，分离出循环周期成分。HP 滤波方法由 Hodrick 和 Prescott（1980）提出，是一种时序的谱分析方法，可以看作是一个近似的高通滤波器（High-pass filter）（Hodrick and Prescott，1980）。HP 滤波的原理可以表述为：设 n 为样本容量，趋势波动 T_t 和循环波动 C_t 均为不

可观测值，定义趋势波动 T_t 是式（3-8）最小化时的解，

$$\min\left\{\sum_{i=1}^{n}(Y_t - T_t)^2 + \lambda\sum_{i=1}^{n}[D(L)T_t]^2\right\} \tag{3-8}$$

其中，$D(L)$ 是延迟算子多项式：

$$D(L) = (L^{-1}-1) - (1-L) \tag{3-9}$$

将式（3-9）代入式（3-8），得到最小化损失函数：

$$\min\left\{\sum_{i=1}^{n}(Y_t - T_t)^2 + \lambda\sum_{t=1}^{n}[(T_{t+1} - T_t) - (T_t - T_{t-1})^2]\right\} \tag{3-10}$$

用 $\lambda\sum_{t=1}^{n}[D(L)T_t]$ 项调整趋势的变化，该项的取值随 λ 的增大而增大。当使用年度数据时，λ 的经验取值取 100；当使用季度数据时，λ 取 1600；当使用月度数据时，λ 取 14400。本章采用月爆发点数据，则 λ 取 14400。

（1）SOD 爆发长期趋势变动

时序数据经 X-12-ARIMA 季节调整，消除季节变动成分和不规则变动成分后，可得到长期趋势变动曲线 TC，如图 3-5 所示。美国 SOD 爆发情况波动较大，原因为 SOD 在美国受人为控制力度非常大，疫情一经发现，立刻进行烧毁、砍伐等防治措施。美国 SOD 爆发长期趋势的显著拐点有 2005 年 8 月、2006 年 5 月、2008 年 5 月、2009 年 4 月、2010 年 5 月、2012 年 6 月。由此，可见 SOD 爆发的趋势变动是非线性的。结合 SOD 爆发数据分布图可知，2012 年及 2013 年 SOD 大规模爆发，几乎覆盖整个加利福尼亚州西海岸。

（2）SOD 爆发季节波动特征

从季节变动成分图 3-6 可以明显得出，SOD 爆发随季节波动特征变化非常显著，季节变动为先上升再下降后再上升的变化趋势。随着时间的推移，SOD 爆发情况在缓慢的增加，证明该病害不能得到有效地控制。病菌的生长繁殖季在 12 月至翌年 5 月，

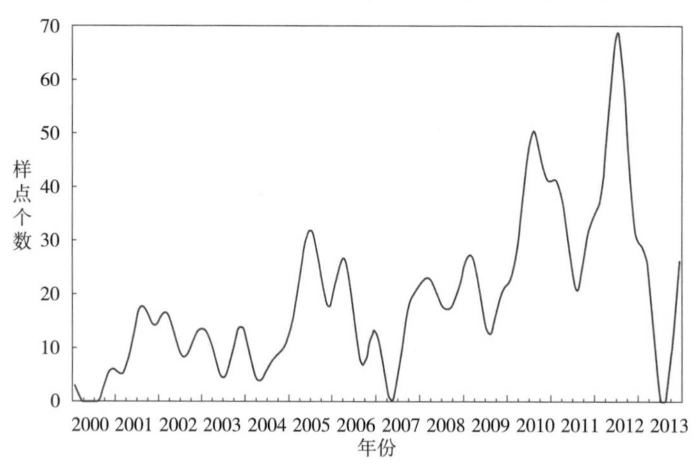

图 3-5　2000—2013 年美国 SOD 爆发长期趋势变动图

在5月病菌的繁殖能力达到最高（Meentemeyer et al.，2004；Davidson et al.，2005a）。图3-6中每年1~6月，SOD爆发数上升，6月开始下降至9月回升，后又下降。病菌结束冬伏后，随寄主生长期开始活跃，经增长期至再次入冬有一个小波动期。根据SOD爆发季节变动特征，当地林业部门可针对性地在每年1~6月对病菌进行防治，防止其大量繁殖，虽不能灭菌该病菌，但是可以有效地隔离、砍伐、烧毁感染植被，避免大规模扩散。

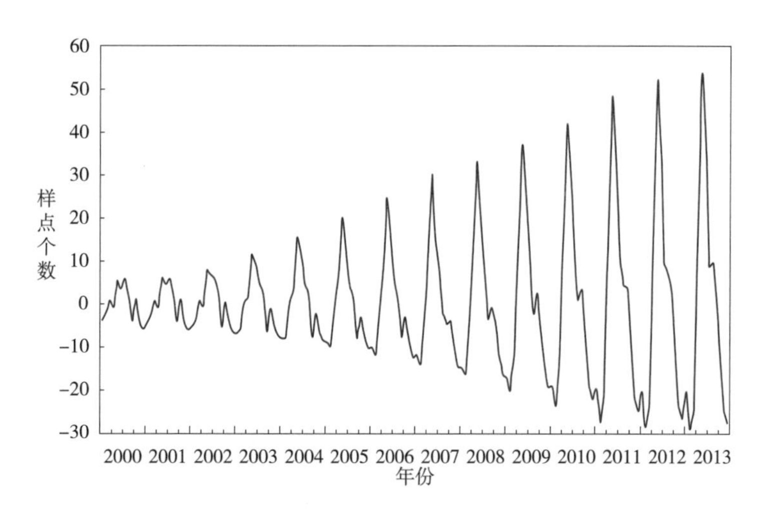

图3-6 2000—2013年美国SOD爆发季节变动图

（3）SOD爆发不规则变动成分

SOD的不规则变动无规则可循（图3-7），受人为干预影响特别大，其他如自然灾害、意外事故也对SOD的爆发有影响，如加利福尼亚州经常发生森林火灾，导致SOD寄主植物死亡、病菌消失或难以生存。2005、2006年美国境内发现EU1谱系病菌，NA2谱系病菌又侵入加利福尼亚州苗圃，木材运输、苗木检疫、风或水携带孢子等偶然因素都会不同程度地影响SOD爆发出现波动。

（4）SOD爆发趋势循环

经过X-12-ARIMA季节调整后的SOD爆发时间序列，在时序序列中趋势变动成分和循环变动成分叠加在一起，可通过HP滤波使之分离，如图3-8。从循环变动成分来看，2000年至今SOD爆发未呈明显周期变化，其原因是该病菌爆发后的人为控制力度非常大。2005年、2010年、2012年、2013年等的波动特别剧烈，波峰波谷的绝对值较大。2012年之后两年爆发点增幅较大，我们只知道2012年后加利福尼亚州大面积爆发SOD，会不会是EU2谱系由欧洲传入美国？因为这两年在英国爆发了大面积的SOD，正是由EU2感染了日本落叶松，具体情况还需等美国当地给出检疫结果才能确认。

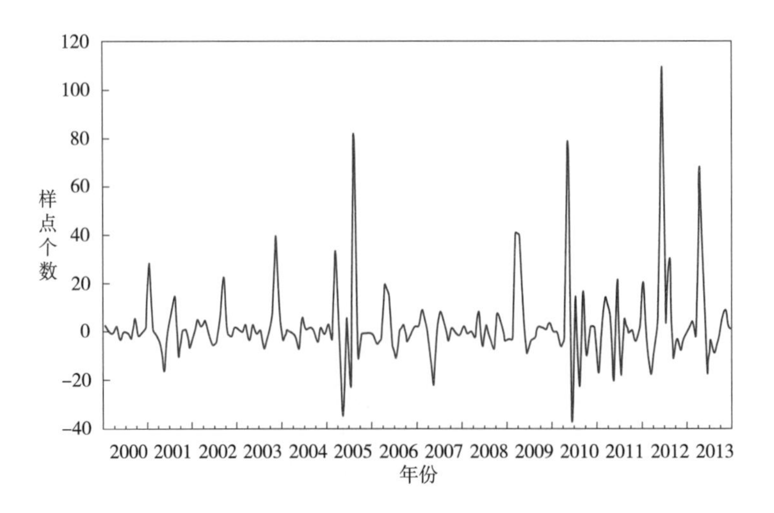

图 3-7 2000—2013 年美国 SOD 爆发不规则成分走势图

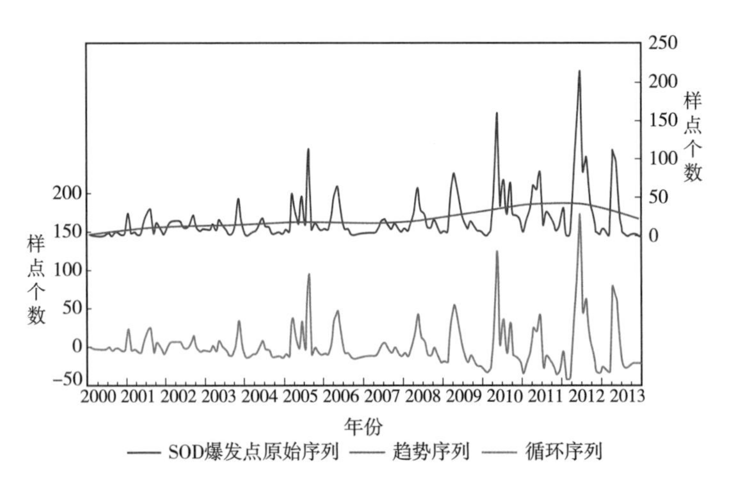

图 3-8 2000—2013 年美国 SOD 爆发趋势循环图

3.1.3 "树流感"的时空聚集性分析

时空扫描统计量在空间扫描统计量上引入时间维，使扫描统计量能同时在空间和时间上对聚集性进行探测（Kulldorff，1997）。与空间扫描统计量的圆形窗口不同，其扫描窗口变为圆柱体。其中，圆柱体的底面对应一定的地理区域，圆柱体的高则对应一定时间长度。以动态变化的圆柱形扫描窗口对不同的时间和区域进行扫描，探测某事件的时空聚集性。因此，时空扫描统计量能够深入地研究流行病发病的时间、地点及其规模的大小，能对流行病聚集性的检测、评价，并进行早期预警（Kulldorff *et al.*，2005）。

时空重排扫描统计量与 Poisson 模型最大的区别在于两者概率密度函数不同（Kulldorff *et al.* 1998），具体方法如下：

假设地理区域 z 在 d 天中的发病数为 C_{zd}，所有研究区域在总时间内的总发病例数 C：

$$C = \sum_{z} \sum_{d} C_{zd} \tag{3-11}$$

对每天和每个区域，其预期发病数 μ_{zd}：

$$\mu_{zd} = \frac{(\sum_{z} C_{zd})(\sum_{d} C_{zd})}{C} \tag{3-12}$$

由此计算出每个圆柱体 A 的预期发病数 μ_A：

$$\mu_A = \sum_{(z,\ d) \in A} \mu_{zd} \tag{3-13}$$

假设圆柱体 A 中的实际发病数为 C_A，它服从超几何体分布（均数为 μ_A），C_A 的概率函数：

$$P(C_A) = \frac{\begin{pmatrix} \sum_{z \in A} C_{zd} \\ C_A \end{pmatrix} \begin{pmatrix} C - \sum_{z \in A} C_{zd} \\ \sum_{d \in A} C_{zd} - C_A \end{pmatrix}}{\begin{pmatrix} C \\ \sum_{d \in A} C_{zd} \end{pmatrix}} \tag{3-14}$$

当 $\sum_{d \in A} C_{zd}$ 和 $\sum_{z \in A} C_{zd}$ 相对总发病数 C 非常小时，C_A 近似服从泊松分布（均数为 μ_A）；采用 Poisson 广义似然函数（Generalized Likelihood Ratio，GLR）衡量圆柱体 A 中的发病数是否异常（Kulldorff *et al.*，2005）：

$$GLR = \left\{\frac{C_A}{\mu_A}\right\}^{C_A} \left\{\frac{C - C_A}{C - \mu_A}\right\}^{C - C_A} \tag{3-15}$$

在所有的圆柱里面，最大的 GLR 是最不可能由随机变异造成，因此它是最有可能的聚类。

最后，采用模特卡罗德法产生模拟数据集，利用扫描窗口内和扫描窗口外的实际发病数和理论发病数构造检验统计量-对数似然比（Log Likelihood Ratio，LLR），找到最大 LLR 的窗口作为病例数异常最高的窗口，即为时空聚集性最大的区域。

利用回顾性时空扫描统计量对美国 2000—2013 年、欧洲 2004—2013 年爆发的 SOD 疫情地进行时空聚集性分析。由疫情地各郡 SOD 爆发点统计数据，以每个郡的空间质心作为发病点，时间步长分布设为 1 个月（美国）、1 年（欧洲，欧洲地区未统计月数据，只统计到年），时空聚集扫描的最大时间都为 12 个月，空间扫描窗口最大半径都为 1000km。在 SaTScan v9. 2 下，实现时空重排扫描统计量的参数估计及统计学检验，结果见图 3-9。

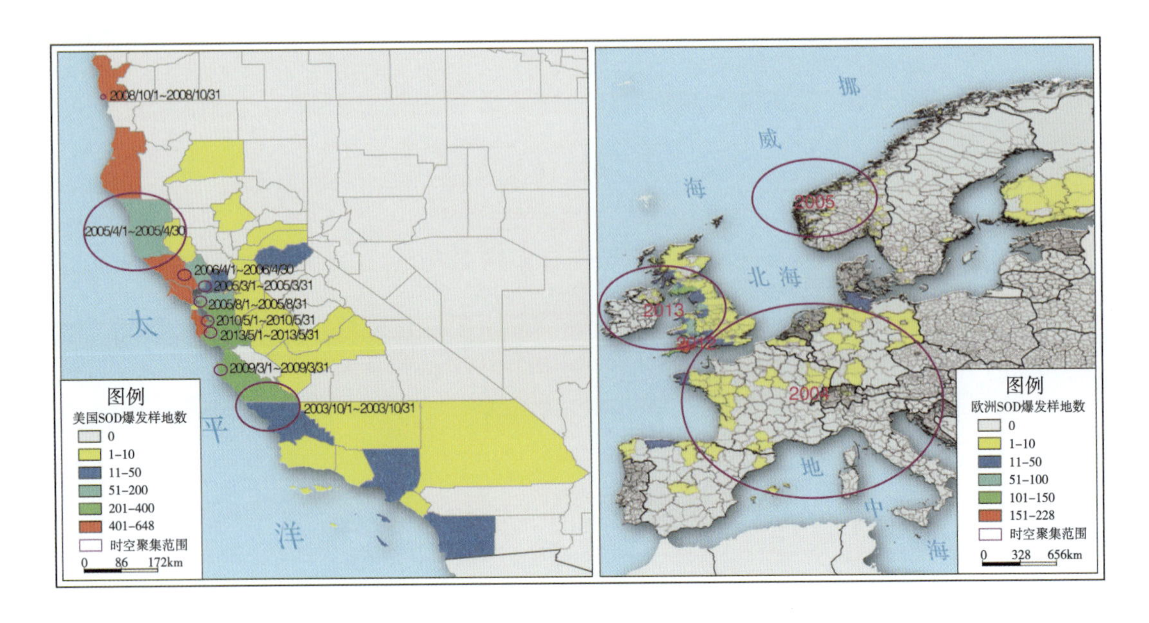

图 3-9　美国、欧洲 SOD 爆发点时空聚集性专题图

两地扫描结果的指标见表 3-1，所有集聚区域编号的显著性水平都小于 0.001，其排列序号是按 LLR 的大小进行排序的。观测样点数为集聚区域内实际的 SOD 爆发样点个数，而理论样点数为根据回顾性时空重排扫描统计量计算得到的 SOD 爆发样点个数。在美国，时空聚集最强的区域在加利福尼亚州 Sonoma、Napa 等郡，发生于 2006 年 4 月；第二强聚集区域在加利福尼亚州 Alameda、Contra Costa 等郡，发生于 2012 年 4 月；第三强聚集区域在加利福尼亚州 Alameda、San Mateo、Santa Clara 等郡，发生于 2010 年 5 月；第四强聚集区域在加利福尼亚州 San Mateo、Santa Clara、Santa Cruz 等郡，发生于 2013 年 5 月；第五强聚集区域在加利福尼亚州 Sonoma、Napa、Solano 等郡，发生于 2005 年 3 月；第六强聚集区域在加利福尼亚州 Marin 郡，发生于 2005 年 8 月；第七强聚集区域覆盖在加利福尼亚州 Monterey 郡，发生于 2009 年 3 月；第八强聚集区域在俄州 Curry 郡，发生于 2008 年 10 月；第九强聚集区域在加利福尼亚州 San Luis Obispo、Monterey、Fresno、San Benito 等郡，发生于 2003 年 10 月；第十强聚集区域在加利福尼亚州 Humboldt、Trinity、Mendocino、Lake、Glenn、Colusa、Sonoma、Tehama 等郡，发生于 2005 年 4 月。在欧洲地区，时空聚集最强的区域在英格兰、苏格兰及爱尔兰等地区，发生于 2013 年；第二强聚集区域主要包含了法国、西班牙、德国、比利时、荷兰、瑞士等国，发生于 2004 年；第三强聚集区域在英格兰的西南部沿海地区，发生于 2012 年；第四强聚集区域在挪威，发生于 2005 年。

表 3-1 美国/欧洲地区 SOD 回顾性时空重排扫描结果

聚集区域编号	聚集中心坐标	时间区间（年/月/日）	聚集半径（km）	LLR	观测样点数	期望样点数
US_ 1	38. 3942N 122. 5582W	2006/4/1 2006/4/30	9. 99	225. 91	188	23. 93
US_ 2	37. 8711N 122. 2640W	2012/4/1 2012/4/30	11. 93	186. 78	105	7. 03
US_ 3	37. 4610N 122. 1862W	2010/5/1 2010/5/31	13. 73	171. 05	131	14. 75
US_ 4	37. 2435N 122. 1084W	2013/5/1 2013/5/31	10. 75	133. 14	85	7. 15
US_ 5	38. 1952N 122. 2196W	2005/3/1 2005/3/31	11. 95	115. 70	42	1. 01
US_ 6	38. 0421N 122. 6855W	2005/8/1 2005/8/31	11. 95	115. 62	66	4. 53
US_ 7	36. 4256N 121. 8105W	2009/3/1 2009/3/31	10. 53	98. 55	45	1. 94
US_ 8	42. 1062N 124. 3067W	2008/10/1 2008/10/31	4. 54	63. 83	36	2. 41
US_ 9	35. 7200N 120. 8786W	2003/10/1 2003/10/31	55. 50	53. 21	14	0. 12
US_ 10	39. 3148N 123. 7062W	2005/4/1 2005/4/30	90. 78	49. 26	32	2. 76
UN_ 1	54. 0414N 7. 1102W	2013 2013/12/31	394. 89	69. 04	491	294. 62
UN_ 2	46. 2944N 6. 1813E	2004 2004/12/31	793. 87	58. 33	122	38. 97
UN_ 3	50. 8690N 3. 5679W	2012 2012/12/31	28. 31	24. 25	38	9. 56
UN_ 4	61. 9903N 5. 7501E	2005 2005/12/31	326. 11	16. 07	26	6. 70

3.2 "树流感"的环境因子分析

为利用美国、欧洲等 SOD 疫情爆发地的样本数据来外推其他区域的风险预测研究，本章分析疫情地环境因子对 SOD 爆发的影响。在监测感染植被时，位置采集人员都是尽可能地收集感染植被点位信息，使得原始爆发点数据过于密集。又因全球尺度的数据分辨率较低，大多数爆发点落在环境因子的一个像素内（空间分辨率为 0.083°），造成数据冗余。

首先对已知 SOD 爆发点进行筛选，删除记录点为苗圃记录的数据，因其由苗木运输、培育引起的，易控制且受自然环境影响没有野外植被大；其次对经初步筛选后的爆发点利用 ArcGIS10.1 中的规则网格进行网格内分布点去重，格网大小为 0.083°×0.083°，得到去重后病菌爆发点数据共 216 个，其中美国有 105 个，欧洲有 111 个。

3.2.1 生物气候变量

生物气候变量由月值温度数据及月值降水数据计算得到，具有很好的生物学意义，是生态位建模中最常用的环境变量。生物气候变量一般包括 19 个因子，有年际变化（如年平均温度、年降水量）、季节变化（如温度、降水年较差）及极端气象变量（如最冷/最热月份温度、最干/最湿季节降水量）等。具体变量含义见表 3-2。

由全球 1981—2012 年 CRU 累年月均值最高温、最低温及降水数据，可求解出 19 个生物气候变量。具体求解在 *R* 语言的 'dismo' package 下进行，'dismo' package 是由 Robert J. Hijmans，Steven Phillips 等在 *R* 语言环境下汇编（Hijmans *et al.*，2012），提供了物种分布建模的诸多函数。利用其中的 biovars 函数，输入 12 个月的最高温度、最低温度、降水量等气象数据，数据类型可以为向量、矩阵或者栅格形式，可计算得到 19 个生物气候变量。

表 3-2　19 个生物气候变量

编号	描述
Bio1	年平均温度（Annual mean temperature）
Bio2	昼夜温差月均值（Monthly mean diurnal temperature range）
Bio3	等温性（Isothermality）[（Bio2/Bio7）*100]
Bio4	温度季节性变化标准差（Standard deviation of temperature seasonal change）
Bio5	最暖月最高温（Max temperature of the warmest month）
Bio6	最冷月最低温（Min temperature of the coldest month）
Bio7	年均温变化范围（Range of annual temperature）

（续）

编号	描述
Bio8	最湿季度平均温度（Mean temperature of the wettest quarter）
Bio9	最干季度平均温度（Mean temperature of the driest quarter）
Bio10	最暖季度平均温度（Mean temperature of the warmest quarter）
Bio11	最冷季度平均温度（Mean temperature of the coldest quarter）
Bio12	年均降水量（Annual average precipitation）
Bio13	最湿月降水量（Precipitation of the wettest month）
Bio14	最干月降水量（Precipitation of the driest month）
Bio15	季节降水量变异系数（CV of precipitation Seasonality）
Bio16	最湿季度降水量（Precipitation of the wettest quarter）
Bio17	最干季度降水量（Precipitation of the driest quarter）
Bio18	最暖季度降水量（Precipitation of the warmest quarter）
Bio19	最冷季度降水量（Precipitation of the coldest quarter）

3.2.2 环境因子对比分析

原始SOD爆发点数据进行去重处理后得到216个点，其中，美国105个点，欧洲111个点。分别提取了美国、欧洲爆发点对应的生物气候变量及LAI数据，通过两地数据的箱线图（Boxplot）对比，可以直观地对比两地环境因子统计信息（Rodder *et al.*，2009；Mandle *et al.*，2010）。箱线图描述了数据集的五种属性：中位数、最小值、最大值、第一四分位数、第三四分位数。另添加平均值于箱线图旁。极端异常值，即超出四分位数差（上四分位数差与下四分位数差间差值）3倍距离，用实心点表示；较为温和的异常值，即处于1.5~3倍四分位数差之间的值，用空心点表示。箱线图可直观地观测数据是否具有对称性、分布的分散程度及多样本比较。

温度与降水量是影响栎树猝死病菌生长与繁殖的最重要的环境条件，最高/最低温影响病菌的存活率，适宜温度范围影响着病菌的繁殖速度；而降水量直接影响病菌在寄主间的传播，雨量与病菌繁殖能力密切相关（Meentemeyer *et al.*，2004；Davidson *et al.*，2005a）。

由美国、欧洲两地SOD爆发点对应生物气候变量的箱线图可知（图3-10），美国地区SOD爆发点年平均温度（Bio1）均值为12.25℃，欧洲地区为8.24℃；美国地区SOD爆发点最暖月最高温（Bio5）均值为21.83℃，欧洲地区为18.28℃；美国地区SOD爆发点最冷月最低温（Bio6）均值为4.12℃，欧洲地区为0.09℃；美国地区SOD爆发点年均降水量（Bio12）均值为978.60mm，欧洲地区为1171.43mm；美国地区SOD爆发点最湿

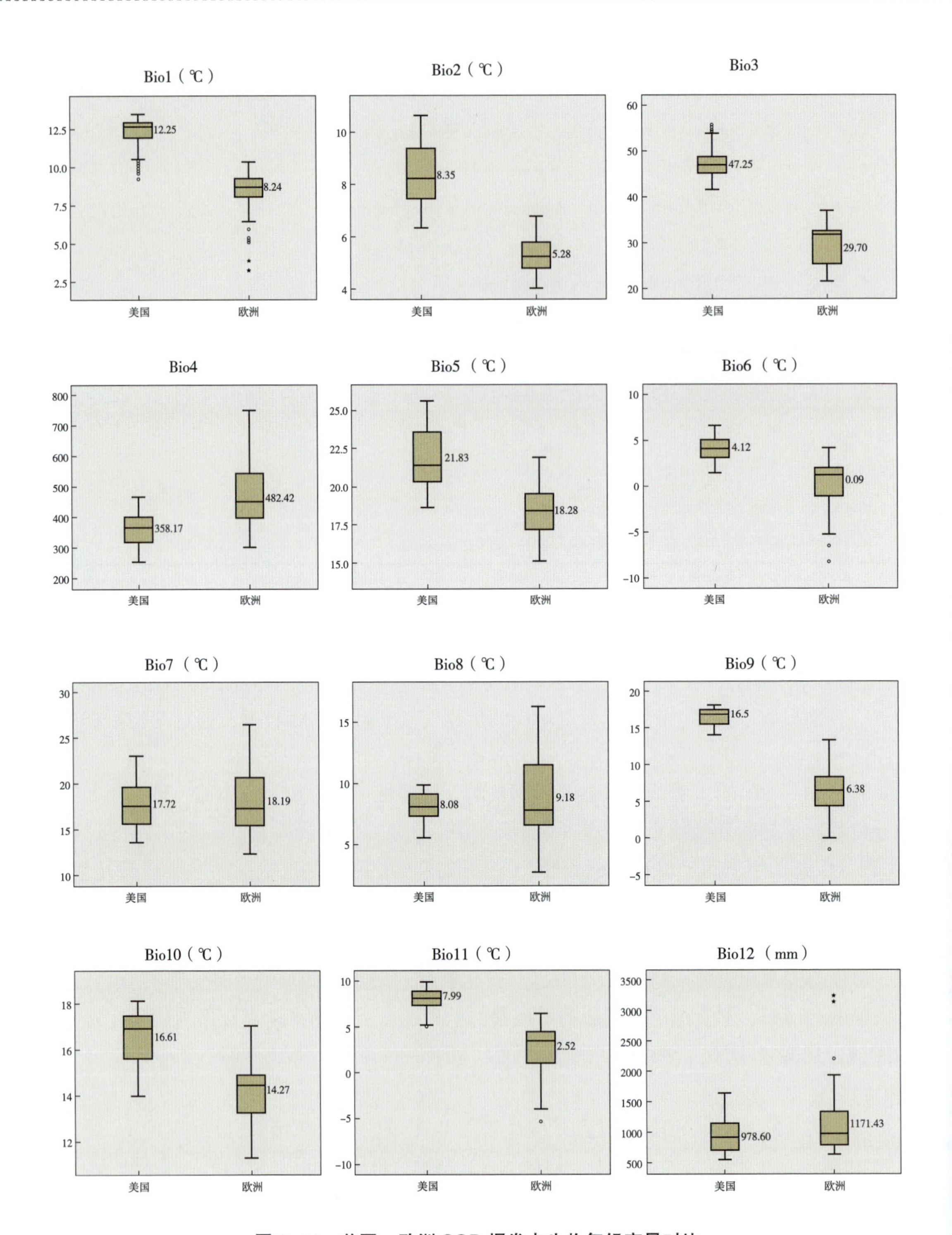

图 3-10　美国、欧洲 SOD 爆发点生物气候变量对比

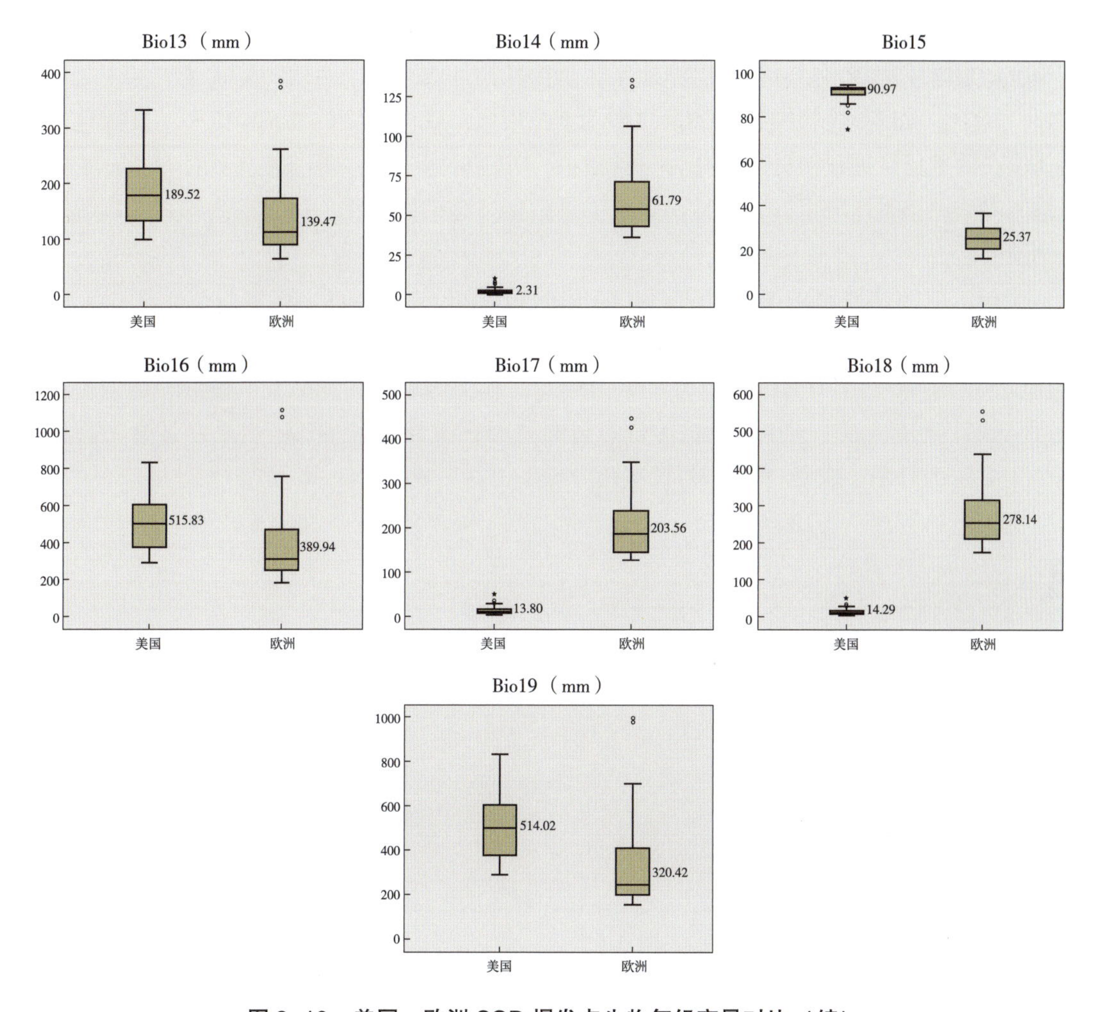

图 3-10 美国、欧洲 SOD 爆发点生物气候变量对比（续）

月降水量（Bio13）均值为 189. 52mm，欧洲地区为 139. 47mm；美国地区 SOD 爆发点最干月降水量（Bio14）均值为 2. 31mm，欧洲地区为 61. 79mm；其他生物气候变量不逐一列出。Englander 等发现 NA1 谱系（美国地区）病菌的适宜生长温度为 10~30℃，EU1 谱系（欧洲地区）病菌的适宜生长温度为 6~26℃；而当降水量大于 2. 5mm 时，孢子繁殖开始活跃（Englander *et al.*，2006），与我们的结果类似。

两地生物气候变量大部分存在较大差异。对温度相关的生物气候变量，美国地区 SOD 爆发点年平均温度（Bio1）比欧洲地区 SOD 的值平均高 4℃；前者昼夜温差月均值（Bio2）比后者平均高 3℃；等温性（Bio3）等于 Bio2 与年均温变化范围（Bio7）比值，两地 Bio3 分布差异非常明显，两地 Bio3 的分布范围不重叠，均值相差近 20；其他差异较为明显的因子如最干季度平均温度（Bio9），两地极值分布范围相差较大，均值相差近 10℃。对降水相关的生物气候变量，最干月降水量（Bio14）、降水量变异系数（Bio15）、最干季度降水量

（Bio17）、最暖季度降水量（Bio18）等差异非常明显，美国地区 SOD 爆发点的在最干月、最干季度和最暖季度降水量远低于欧洲地区，而在其他月或季度，两地间降水量差异不是特别明显。其中，美国地区栎树猝死病菌主要为 NA 谱系，欧洲地区的为 EU 谱系，发源地未知的病菌在两地已经通过演化而分化为不同谱系，其感染寄主能力都非常高且都带致命性。通过前人对病菌谱系研究可知，两地间病菌不是由交叉感染而演化，都是由未知病菌发源地侵入当地引起。

美国、欧洲两地 SOD 爆发点对应 LAI 值的箱线图见图 3-11，这里只取了四季 LAI 值进行对比，美国地区爆发点对应 LAI 值分布范围远大于欧洲地区对应 LAI 值，且前者 LAI 均值也大于后者。由 APHIS 提供寄主名单可知，在美国地区的 NA 谱系感染的寄主种类从阔叶林到针叶林、灌木、草本植被等都有分布，而在欧洲地区的 EU 谱系，其寄主种类比较少，主要为杜鹃、荚蒾等灌木和日本落叶松。

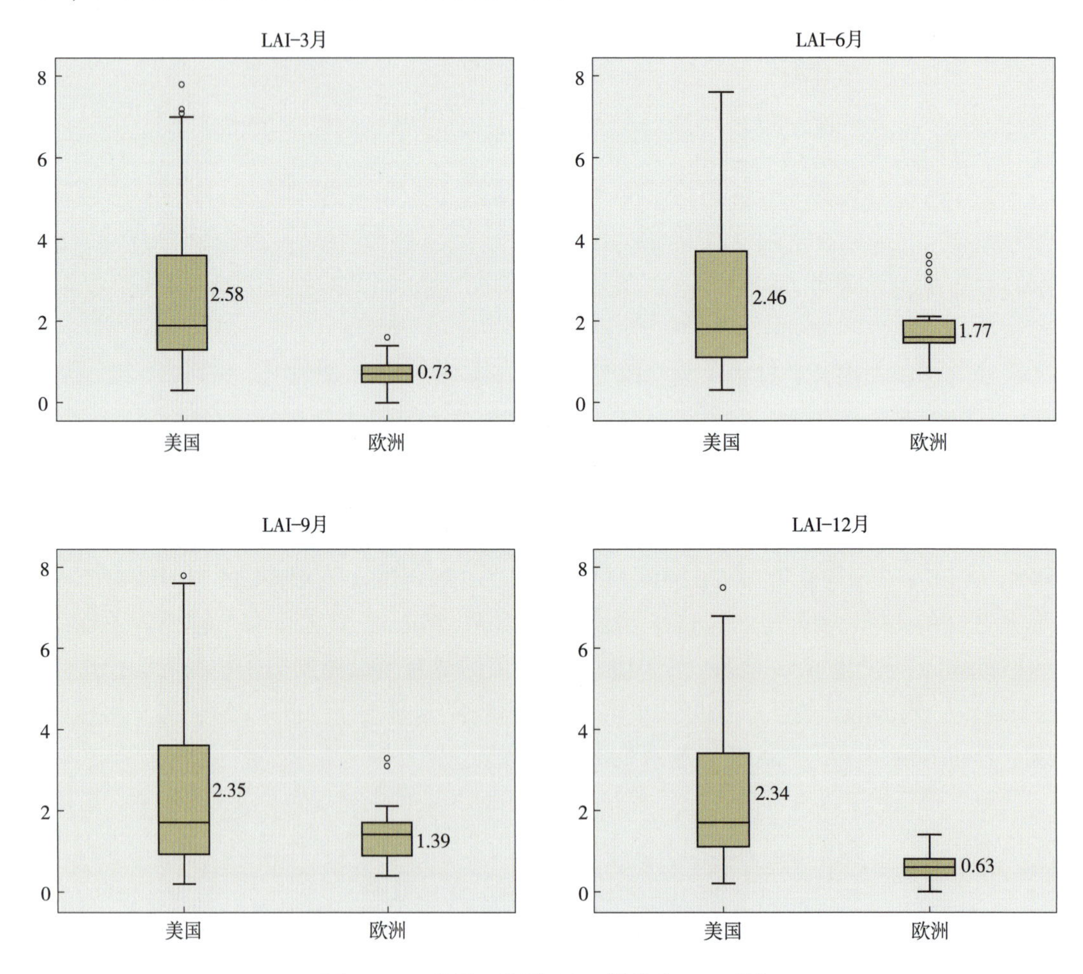

图 3-11　美国、欧洲 SOD 爆发点 LAI 对比

3.2.3 环境因子降维

原始环境因子变量包含了19个生物气候变量、12个累年月均LAI数据等，过多的环境因子变量使得模型计算过于复杂，且因子间存在着一定的相关性，如邻月LAI值间存在较大的相关性。主成分分析法（Principal Component Analysis，PCA）是将多个变量通过线性变换筛选出较少个数线性组合变量的一种多元统计分析方法，即研究如何通过少数几个主成分来揭示多个原始变量间的内部结构，并尽可能地保留原始变量的信息，剔除噪声变量。数学上的处理是将原来 P 个指标作线性组合，作为新的组合指标。

主成分分析由Karl Pearson于1901年发明，用于分析数据及建立数理模型。其方法主要是通过对协方差矩阵进行特征分解，以得出数据的主成分（即特征向量）与它们的权值(即特征值)。PCA是最简单的以特征量分析多元统计分布的方法。PCA提供了一种降低数据维度的有效办法，如果原数据中最小的特征值所对应的成分被去除，所得的低维度数据是最优化的。主成分分析在分析复杂数据时尤为有用。最经典的做法就是用 F_1（选取的第一个线性组合，即第一个组合指标）的方差来表达，即Var（F_1）越大，表示 F_1 包含的信息越多。因此，在所有的线性组合中选取的 F_1 的方差最大，称 F_1 为第一主成分。如果第一主成分不足以代表原来 P 个指标的信息，可选取 F_2 即选第二个线性组合。F_1 已包含的信息不需再出现在 F_2 中，可保证反映原始信息的有效性。称 F_2 为第二主成分，依次类推可构造出第三、第四……第 P 个主成分。

主成分分析在图像处理中也叫主成分变换。如对 n 个影像进行主成分变换，即对该组影像组成的光谱空间 X 乘以线性变换矩阵 A（n×n），得到新的光谱空间 Y。其中，A 为 X 的协方差矩阵 $\sum_X$ 的特征向量矩阵（Φ）的转置矩阵：

$$A=\Phi^T=\begin{bmatrix}\varphi_{11} & \varphi_{12} & \cdots & \varphi_{1n}\\ \varphi_{21} & \varphi_{22} & \cdots & \varphi_{2n}\\ \cdots & \cdots & \cdots & \cdots\\ \varphi_{n1} & \varphi_{n2} & \cdots & \varphi_{nn}\end{bmatrix} \tag{3-16}$$

上式可写成：

$$\begin{bmatrix}y_1\\ y_2\\ \cdots\\ y_n\end{bmatrix}=\begin{bmatrix}\varphi_{11} & \varphi_{12} & \cdots & \varphi_{1n}\\ \varphi_{21} & \varphi_{22} & \cdots & \varphi_{2n}\\ \cdots & \cdots & \cdots & \cdots\\ \varphi_{n1} & \varphi_{n2} & \cdots & \varphi_{nn}\end{bmatrix}\begin{bmatrix}x_1\\ x_2\\ \cdots\\ x_n\end{bmatrix} \tag{3-17}$$

以上公式表明，主成分变换实际上是对各原始影像乘以一个权重系数，实现了线性变换。这里需要注意的是，原始影像进行变换之前，应先进行标准化，以消除量纲影响。在ENVI 5.0中，对31个经标准化处理后的环境变量栅格影像，计算变换处理后各分量的协方差矩阵，获取协方差矩阵特征向量（Covariance Eigenvector Matrix）及特征值，如表 3-3 所示。主成分的数目可以根据累计贡献率来确定，这里选取累计贡献率>95%的主成分分量。各变量乘以对应的协方差特征向量即可得到经变换后的主成分变量。以 PC1 为例，单位特征向量所对应的 LAI1-LAI4 及 LAI10-LAI12 的权重具有最大值 0.23，其次分别为 Bio12 与 LAI5 的 0.22，等等。由此可以确定各影像在主成分中的负荷量。

表 3-3　Bio+LAI 影像的协方差矩阵特征向量及特征值

变量	主成分						
	PC 1	PC 2	PC 3	PC 4	PC 5	PC 6	PC 7
Bio1	-0.15	0.29	0.02	-0.10	-0.06	0.05	-0.06
Bio2	0.00	0.25	0.28	-0.08	-0.10	-0.39	0.18
Bio3	-0.18	0.21	-0.09	0.01	0.11	-0.06	0.09
Bio4	0.17	-0.21	0.20	0.03	-0.18	-0.23	0.09
Bio5	-0.09	0.29	0.20	-0.15	-0.21	-0.12	0.04
Bio6	-0.17	0.26	-0.09	-0.09	0.04	0.15	-0.08
Bio7	0.17	-0.16	0.28	0.03	-0.21	-0.31	0.14
Bio8	-0.12	0.24	0.20	0.04	-0.26	-0.13	-0.18
Bio9	-0.14	0.27	-0.07	-0.17	0.05	0.12	0.03
Bio10	-0.11	0.29	0.15	-0.13	-0.21	-0.06	-0.02
Bio11	-0.16	0.27	-0.06	-0.08	0.03	0.12	-0.07
Bio12	-0.22	-0.06	-0.22	0.16	-0.18	-0.05	0.05
Bio13	-0.20	0.02	-0.15	0.43	-0.19	0.07	0.11
Bio14	-0.14	-0.15	-0.30	-0.29	-0.24	-0.28	-0.08
Bio15	0.02	0.23	0.18	0.47	-0.01	-0.07	0.25
Bio16	-0.20	0.00	-0.15	0.40	-0.18	0.06	0.10
Bio17	-0.15	-0.15	-0.30	-0.28	-0.23	-0.27	-0.06
Bio18	-0.17	-0.08	-0.11	0.31	-0.26	-0.17	-0.53
Bio19	-0.16	-0.06	-0.26	-0.13	-0.16	0.02	0.71
LAI1	-0.23	-0.07	0.07	0.04	0.24	-0.19	0.01
LAI2	-0.23	-0.07	0.07	0.03	0.25	-0.21	0.01

（续）

变量	主成分						
	PC 1	PC 2	PC 3	PC 4	PC 5	PC 6	PC 7
LAI3	−0. 23	−0. 07	0. 07	0. 02	0. 24	−0. 19	0. 00
LAI4	−0. 23	−0. 08	0. 08	−0. 02	0. 20	−0. 12	−0. 02
LAI5	−0. 22	−0. 12	0. 14	−0. 07	0. 05	0. 08	−0. 04
LAI6	−0. 18	−0. 17	0. 24	−0. 09	−0. 14	0. 25	−0. 01
LAI7	−0. 17	−0. 19	0. 26	−0. 08	−0. 21	0. 27	0. 02
LAI8	−0. 17	−0. 18	0. 25	−0. 06	−0. 21	0. 26	0. 02
LAI9	−0. 21	−0. 15	0. 18	−0. 05	−0. 09	0. 19	0. 03
LAI10	−0. 23	−0. 10	0. 11	−0. 01	0. 09	0. 02	0. 04
LAI11	−0. 23	−0. 08	0. 09	0. 03	0. 19	−0. 10	0. 03
LAI12	−0. 23	−0. 07	0. 08	0. 04	0. 23	−0. 17	0. 02
特征值	4. 74	2. 17	0. 75	0. 40	0. 35	0. 19	0. 16
贡献率	51. 42	23. 57	8. 16	4. 37	3. 83	2. 10	1. 79
累计贡献率	51. 42	74. 99	83. 15	87. 52	91. 36	93. 46	95. 25

在只利用生物气候变量进行建模时，同样对此数据集进行主成分变换，包括当前及未来气候情景下生物气候变量的主成分变换。

3. 3 小结

本章主要是利用时空分析相关方法对 2000—2013 年美国地区及 2004—2013 年欧洲地区的"树流感"爆发地的时空分布进行研究，并对比分析两地栎树猝死病菌的环境因子。分析结果表明，"树流感"的爆发具有较明显的季节性，在每年 1~6 月，爆发数上升，6 月左右是其爆发高峰期；美国地区主要分布在加利福尼亚州 Humboldt、Sonoma、Marin、San Mateo、Santa Clara、Monterey 郡、俄勒冈州 Curry 郡，欧洲地区主要分布在英国 Devon、Cornwall、Dumfries & Galloway 等郡；该病害在美国地区具有一定的空间自相关性，存在正相关高值聚集区的郡有 3 个，负相关低值聚集区的郡有 6 个；其在欧洲地区具有显著的空间自相关性，存在正相关高值聚集区的分布在英格兰、苏格兰地区、芬兰南部、德国北部、法国西部及西班牙北部等地区，负相关低值聚集区在欧洲大部分地区都有分布；利用回顾性时空重排扫描统计量对美国（2000—2013 年）、欧洲（2004—2013 年）爆发的 SOD 疫情地进行时空聚集性分析，在美国检测出 10 个时空聚集区，在欧洲检测出 4 个时空聚集区，在空间维，主要分布在美国加利福尼亚州西部沿海及欧洲西部；在时间维，主要发生于 2004—2006 年、2012—2013 年。

对美国、欧洲两地栎树猝死病爆发点的环境因子进行了分析，结果表明，两地生物气候变量大部分存在较大差异，美国地区的 NA 谱系与欧洲地区的 EU 谱系适生温度、降水差异明显，后续中国栎树猝死病菌潜在爆发风险预测预警应对两地病菌谱系同时研究；美国地区爆发点寄主的 LAI 值分布范围远大于欧洲地区爆发点的 LAI 值；另外，还利用主成分变换对目前及未来气候情景下的全球生物气候变量、目前全球生物气候变量加全球长时间序列 LAI 数据等进行降维。

第4章

“树流感”病菌适生性分析

限制物种的潜在分布区的因素包括生物学特性、环境和人为等因素，但气候条件始终是制约物种陆地分布的最基本的因素（Willis & Whittaker，2002；Sutherst & Maywald，2005）。“树流感”的发生传播与环境条件有着密切的关系，预测“树流感”在我国的适生区能为我国林业相关管理部门制定相关政策法规提供科学依据，预防该林业病害在我国的传播与定殖。

4.1 适生性分析方法概述

AHP-模糊综合评价方法在专家知识和主观经验的基础上，利用具有严密逻辑性的数学方法尽可能地去除主观因素的影响，合理确定评价指标权重，用定量手段刻画适生评价中的定性问题，使定性分析与定量分析得到较好的融合，从而提高模糊综合评判的可靠性、准确性和客观公正性。气候相似性分析方法用空间距离来定量、综合、有序地度量两地的相似程度，直观、可操作性强，通过运用农业气候相似距对我国气候条件的相似性分析，说明相似距较好地反映了不同地区间气候的相似程度，从而论证了农业气候相似距应用的可靠性和可行性。鉴于气候数据易于获得和定量化表达，基于气候数据的预测结果对于决策工作具有参考价值，是一种易于实现且有较强实用性的方法。

AHP-模糊综合评价方法与气候相似性分析方法这两种方法都需要首先确定用于预测的环境变量以及各变量的权重，这里我们通过文献调研选择累年月均最高气温、月均最低气温、月均降水量、月均相对湿度这 4 个因子为主导环境变量，用层次分析法确定了各气候变量的权重。AHP-模糊综合评价方法主要是基于病菌繁殖与传播的气候适宜性，建立病菌针对每个气候变量评判因子的隶属函数，并利用 GIS 的空间分析功能获取病菌繁殖期(12 月至翌年 5 月)各个月份的综合适生分布专题图。气候相似性分析方法依据入侵地气候与严重发生地或原产地的气候越相似，那么物种入侵的可能性就越大的理论(Scott，1993)，逐一对比生物病害严重发生地或者原产地的气候数据与预测区域的气候数据，计算二地之间的相似距离(修正的欧氏距离)，认为相似距离越小，二者的气候相似性越大，生物的适生性越高。由于这两种方法都没有考虑寄主植物的分布对物种适生区的影响，因此需要把它们得到的结果与我国森林植被分布图进行叠加分析，模拟“树流感”在我国的潜在适生区。

4.1.1 AHP-模糊综合评价方法

4.1.1.1 AHP-模糊综合评价原理

模糊数学是用数学的方法研究和处理客观存在的模糊现象，模糊综合评价就是借助模糊数学工具对多种因素所影响的事物或现象做出综合评价(Kong，2003；张丽娜，2006)。模糊综合评价方法的基础是模糊数学。1965 年美国控制论专家 L. A. Zade 首次提出模糊集合这一概念，从而形成了模糊数学这一新的数学分支(潘红伟，2009)。模糊集合不同于普通集合，它的子集没有明显的界线，例如“胖”与“瘦”两个集合，“胖”“瘦”就是模糊概念，二者之间没有明显的边界，不存在绝对的肯定与否定，具有模糊性。为了刻画事物的模糊界限，模糊数学中提出了隶属度的概念，即：在集合 A 中用特征函数来描述每个元素，以表征元素的隶属程度，特征函数的取值范围为【0，1】。元素值越趋近于1，表示该元素对集合A的隶属程度越高，元素值越趋近于0，表示该元素对集合A的隶属程度越低。当元素值为0时，说明该元素不属于集合A；当元素值为1时，说明该元素一定属于集合A。特征函数又称隶属函数。隶属度的思想使得元素对集合的隶属度由经典的只能取0和1两个值，扩充为【0，1】集合中的任何值，从而实现定量地刻画模糊性事物的目的(周浩亮，1994)。

AHP-模糊综合评价是将层次分析法和模糊综合评价结合起来，使用层次分析法确定评价指标体系中各指标的权重，用模糊综合评价方法对模糊指标进行评定(郭金玉等，2008)。模糊综合评判模型的基本原理是：首先确定被评价对象的评价因子集合和评判标准集。然后建立每个因子的权重和隶属度函数，经模糊变换建立模糊关系矩阵；最后经模糊运算并归一化处理求得模糊综合评判结果集，从而构建一个综合评判模型。

在“树流感”在中国的潜在适生区预测中，影响病菌繁殖与传播的主要预测因子具有一定程度的模糊性，没有十分明确的界限，如病菌的限制生存气候条件、最适生存气候条件等。模糊综合评价法评价指标的模糊性在一定程度上消除了测评者的主观性，该方法能较全面地综合评价主体的意见，客观反映评价对象的隶属程度，从而为“树流感”在中国的适生区预测提供较为客观的依据。“树流感”在中国的潜在适生区预测模糊综合评价模型的建立包括以下几个步骤：

① 确定评价对象的评价因子集合U。基于病菌的繁殖期、气候适宜性的先验知识，确定影响病菌生存传播的主要因子，建立评价因子集合$U=(U_1, U_2, U_3, \cdots, U_n)$，其中$U_i$为单个评价因子。

② 确定评判标准集合V。评判标准集合$V=(V_1, V_2, V_3, \cdots, V_m)$，其中，$V_j$为评判等级层次。

③ 建立隶属函数及模糊关系矩阵R。选取适合的数学模型，建立每个评价因子的隶属函数，进而可以计算得到每个评价因子对不同适生等级模糊子集的隶属度。隶属度构成一个模糊关系矩阵R：

$$R=\begin{bmatrix} r_{11}r_{12}\cdots r_{1m} \\ r_{21}r_{22}\cdots r_{2m} \\ \cdots\cdots\cdots\cdots \\ r_{n1}r_{n2}\cdots r_{nm} \end{bmatrix} \tag{4-1}$$

矩阵R中第i行第j列元素r_{ij}，表示某个被评事物从因素u_i来看对v_j等级模糊子集的隶属度。

④ 确定评价因子的权重集W。使用层次分析法确定评价因子的权重集$W=(W_1, W_2, W_3, \cdots, W_n)$，权重满足公式4-2。

$$\sum_{i=1}^{n} W_i = 1, \ W_i \geq 0 \tag{4-2}$$

⑤ 计算模糊综合评价矩阵 Y。综合评价指数 Y 的计算公式如下：

$$Y = W \times R = (y_1 y_2 \cdots y_m) \tag{4-3}$$

其中，y_i 表示评价目标对评判等级 v_j 的隶属程度。

4.1.1.2 AHP-模糊综合评价过程

(1)确定适生评价因子

“树流感”的发生与环境条件有着密切的关系。实验研究表明，病菌生长的最低气温、最高气温以及最适宜温度范围分别为2℃、30℃、18~22℃；当温度低于12℃时寄主叶片的感染率急剧下降；温度为12℃和30℃时，叶片感染率分别为50%和37%；在温度为18℃时，叶片感染率为92%；当温度高于30℃时，菌丝停止生长，寄主叶片感染率很低。极端低温<-25℃会杀死病菌(Werres *et al.*, 2001；Rizzo *et al.*, 2005；Garbelotto and Davidson, 2003)。Davidson通过温度与病菌孢子繁殖力的相关分析发现二者显著相关(Davidson *et al.*, 2005)。

栎树猝死病菌适合于阴冷潮湿环境下生长，另外病菌能在空气传播并通过雨水污染灌溉水体，进而感染寄主植物(Meentemeyer *et al.*, 2004；Guo *et al.*, 2005)。2005年Davidson研究了加利福尼亚洲栎树猝死病菌在混合常绿林中的传播规律，认为雨季更利于孢子的滋生，而雨季也是孢子和随后的植物感染的主要限制条件。病菌的生长繁殖季在12月至翌年5月份，在温暖多雨的5月病菌的繁殖能力达到最高，雨量与病菌繁殖能力成正相关关系(Meentemeyer *et al.*, 2004；Davidson *et al.*, 2005)。Turner研究认为湿度对病菌孢子的产生起至关重要的作用，当湿度为100%时，孢子产生能力达到最高(Turner and Jennings, 2008)。至少60天的较宜生存气候能使病菌传播并感染植物，是有效的病菌传播风险因子(Smith, 2002；Magarey, 2005)。

Meentemeyer与邵丽娜分别于2004年、2008年选择了降水量、最高气温、最低气温和相对湿度这4个变量作为“树流感”适生预测因子预测美国及中国的适生区。2010年Václavík利用气象因子(降水量、相对湿度、最高和最低气温)、地形因子(高程、地形湿度指数、潜在太阳辐射)以及寄主分布建立预测模型，结果表明病菌与气温和降水显著相关，与高程和潜在太阳辐射几乎不相关(Václavík, 2010)。

根据病菌的这些生态学特性，并调研总结国内外学者选择的“树流感”适生区预测因子，选取的“树流感”适生评判因子为以下4个环境变量：累年月均降水量、月均最高气温、月均最低气温和月均相对湿度。

(2)确定适生评判标准集合

评判标准集合V=(V_1, V_2, V_3, …, V_m)，其中，V_j为评判等级层次，这里把“树流

感”的适生等级分为4个层次，分别为：最适宜区域、中等适宜区域、不适宜区域、极不适宜区域。

(3)确定适生评价因子隶属函数

应用模糊综合评价方法建立每个因子的数学模型，得到隶属函数，进而可以计算每个因子对不同适生等级模糊子集的隶属度。

① 月均降水量。雨季有利于病菌的滋生，雨量与病菌繁殖能力成正相关关系，降水量越高，病菌的繁殖能力越高。这里，当月均降水量不小于125mm时，隶属函数值为1；当月均降水量小于125mm时，与隶属度值呈指数关系。

$$\mu_1(x)=\begin{cases}1 & x\geqslant 125\\ e^{\frac{x-125}{125}} & x<125\end{cases} \tag{4-4}$$

② 月均最高温。病菌生长的最低温、最高温以及最适宜温度范围分别为2℃、30℃、18~22℃。这里，当月均最高温在18~22℃时，隶属函数值为1；当月均最高气温高于30℃或低于2℃时，隶属函数值为0；当月均最高气温在22~30℃或2~18℃时，与隶属度值呈线性关系。

$$\mu_2(x)=\begin{cases}1 & 18\leqslant x\leqslant 22\\ 1-\dfrac{x-125}{8} & 22\leqslant x\leqslant 30\\ \dfrac{x-2}{16} & 2\leqslant x\leqslant 18\\ 0 & x<2\ or\ x>30\end{cases} \tag{4-5}$$

③ 月均最低温。病菌与最低温的定量关系未知。这里认为，当月均最低温高于0℃时，隶属函数值为1；当月均最低温低于0℃时，隶属函数值为0。

$$\mu_3(x)=\begin{cases}1 & x\geqslant 0\\ 0 & x<0\end{cases} \tag{4-6}$$

④ 相对湿度。湿度对病菌孢子的产生起至关重要的作用，当湿度为100%时，孢子生产能力达到最高。这里，当相对湿度高于80%时，隶属函数值为1；当相对湿度在40%~80%时，与隶属度呈线性关系；当相对湿度低于40%时，隶属函数值为0。

$$\mu_4(x)=\begin{cases}1 & x\geqslant 80\\ \dfrac{x-40}{40} & 40<x<80\\ 0 & x\leqslant 40\end{cases} \tag{4-7}$$

(4)确定适生评价因子权重

本章选择层次分析法来确定评价因子权重。层次分析法是美国运筹学家萨蒂(A. L. Satty)于20世纪70年代提出的。该方法是一种将定性分析与定量分析相结合的多目标决策分析方法，由于它能够有效分析目标准则体系层次间的非序列关系，有效地综合测度决策者的判断和比较，且系统简洁、实用，在社会、经济、管理等许多方面得到越来越广泛的应用(Saaty，1978；兰继斌等，2006)。该法的基本思路是：将复杂问题分解为若干层次和若干因素，对两两指标之间的重要程度做出比较判断，建立判断矩阵，计算判断矩阵的最大特征值以及对应特征向量，得出不同方案重要性程度的权重，为最佳方案的选择提供依据。应用层次分析软件 yaahp v0. 5. 3 完成评价因子权重的赋值。

应用层次分析法确定“树流感”评价因子权重的具体步骤如下：

① 确定目标与评价因素集。本章已确定的评价因素集为：月均最高温、月均最低温、月均降水量、月均相对湿度。

② 构建判断矩阵并进行一致性检验。判断矩阵的构建采用 1~9 标度方法，根据给定的方案重要性标度，通过每个要素之间的两两比较，对重要性赋予一定数值构建判断矩阵。各级标度的含义如表 4-1 所示(Saaty，1978)。获得的判断矩阵记为 $A=(a_{ij})_{n\times n}$，其中 $a_{ij}(i=1,\ 2,\ \cdots,\ n)$ 表示方案 $A_i(i=1,\ 2,\ \cdots,\ n)$ 与方案 $A_j(j=1,\ 2,\ \cdots,\ n)$ 比较的相对重要程度。

表 4-1　判断矩阵标度的含义

标度	含义
1	表示两要素比较，同样重要
3	表示两要素比较，一个要素比另一个要素稍微重要
5	表示两要素比较，一个要素比另一个要素明显重要
7	表示两要素比较，一个要素比另一个要素强烈重要
9	表示两要素比较，一个要素比另一个要素极端重要
2、4、6、8	上述相邻判断的中值

在构建过程中，软件会自动对判断矩阵进行一致性检验，检验权重分配是否合理。如公式 $CR=CI/RI$，其中，CR 为判断矩阵的随机一致性比率；CI 为判断矩阵一般一致性指标，$CI=\frac{1}{n-1}(\lambda_{man}-n)$；$RI$ 为判断矩阵的平均随机一致性指标，RI 值见表 4-2。

表 4-2　判断矩阵的平均随即一致性指标 *RI* 值

矩阵阶数	1	2	3	4	5	6	7	8	9	10
RI	0	0	0. 58	0. 90	1. 12	1. 24	1. 32	1. 41	1. 45	1. 49

CI 越小，说明一致性越大。如果 $CR<0.1$ ，则认为该判断矩阵通过一致性检验，否则就不具有满意一致性。

③ 计算特征根和特征向量。根据判断矩阵，采用方根法，求出最大特征根所对应的

特征向量 W，所求特征向量即为各评判因素重要性排序，也就是权重的分配。

表4-3所示为模型最终计算得到的适生因子判断矩阵以及特征值。得到评价因子的权重集 $W=(W_1, W_2, W_3, W_4)$ = (0.3704，0.3850，0.0594，0.1852)。

(5)计算模糊综合评价矩阵

根据公式4-3计算模糊综合评价矩阵。其中 W 为各个因子的权重集，R 为4个环境变量图层构成的集合。

表4-3 "树流感"病菌评价因子判断矩阵

因子	平均降水量	平均最高温	平均最低温	相对湿度	Wi
平均降水量	1	1	6	2	0.3704
平均最高温	1	1	7	2	0.385
平均最低温	0.1667	0.1429	1	0.3333	0.0594
相对湿度	0.5	0.5	3	1	0.1852

随机一致性比率 $CR=0.0011$。

4.1.2 气候相似性分析方法

4.1.2.1 气候相似性分析原理

在自然环境下生存的生物体，其生长状况很大程度上取决于当地的气候条件，一般认为，如果入侵地气候与严重发生地或原产地的气候越相似，那么物种入侵的可能性就越大(Scott and Panetta，1993)。所谓生物气候相似性，就是针对某种生物对气候环境的具体要求以及气候环境所能提供给生物所必需的气候条件的吻合程度。把生物严重发生地或者原产地的气候数据与预测区域的气候数据逐一对比，相似离度越小，二地的气候相似性越大。

气候相似理论是20世纪初期德国著名林学家迈耶尔(H. Mayr)在研究树木引种问题时提出的。他指出，生物气候相似是针对某种生物，以其本身对气候环境的要求，根据生物体本身的适宜性所决定的各种气候要素的域值以及与气候环境所能提供吻合程度来衡量其相似程度(袁淑荣和李天亮，2006)。中国农业大学的魏淑秋先生等在气候相似理论研究方法的基础上，提出采用多维空间相似跨度来定量、综合、有序地度量各地之间的相似程度，这种方法对危险性病虫草的适生地分析提供了有力的气候背景(魏淑秋，1984，1994)。气候相似理论是将某个地方的每一种农业气候要素作为一维空间，m种农业气候要素即有m维空间，把选取的每个地方作为这m维空间上的一个点，计算任意两个空间点之间的相似程度，其距离越大，相似程度就越低；反之相似程度就越高。进行气候相似距分析时，可引入欧氏距离系数综合表示各种气候要素在两地之间的相似程度，欧式距离系数的计算如公式 4-8。

$$d_{ij} = \sqrt{\sum_{k=1}^{m} (X'_{ik} - X'_{jk})^2 / m} \tag{4-8}$$

其中，d_{ij}表示潜在适生地 i 与已知分布地 j 地之间的欧氏距离系数。K 表示任意一个气象要素，X'_{ik}和 X'_{jk}分别为 i 地和 j 地第 k 个气候要素的标准化值。X'_{ik}和 X'_{jk}的计算如公式 4-9。

$$X'_{kj} = (X_{kj} - X_k) / \delta_k \tag{4-9}$$

其中，X_{kj}为 j 地第 k 个气候要素的值。X_k 为研究范围内 n 个站点的第 k 个气候要素的平均值。δ_k 为 n 个站点的第 k 个气候要素的标准差。

$$X_k = \frac{1}{n} \sum_{k=1}^{n} X_{kj} \tag{4-10}$$

$$\delta_k = \sqrt{\sum_{k=1}^{n} (X_{kj} - X_k)^2 / n} \tag{4-11}$$

由于不同的气候要素对病菌的影响不同，需要引入各气候要素的权重信息，对欧氏距离计算公式进行修正。修正后的欧氏距离计算如公式 4-12 所示。

$$d_{ij} = \sqrt{\sum_{k=1}^{m} [W_k(X'_{ik} - X'_{jk})]^2 / m} \tag{4-12}$$

其中，W_k 为第 k 个气候要素的权重。

根据以上公式计算得到气候相似程度的数量表示，也称为气候相似系数。这里的气候相似系数为两地之间相似距离的多种因素综合。

4.1.2.2 气候相似性分析过程

本章使用的气象数据来自 WorldClim 数据集的全球 1950—2000 年的月均降水量、月均最高温、月均最低温以及来自 Climate Research Unit 的 1960—1990 年相对湿度数据，两种数据存在时相的不一致，但由于数据是多年平均值，因此认为各地气候相对稳定，预测结果具有可信度。首先选择合适的气候参照点，通过标准化处理，消除参照点与预测区域的气候要素的量纲影响；然后计算参照点与中国各气象站点的相似距系数，通过分析系数值大小进行相似性判断；最后插值得到全国的相似距系数并划分不同等级适生区。

(1)选择气候参照点

不考虑寄主分布的影响的情况下，假设“树流感”严重分布区的气候条件为最适病害发生的气候条件。如图 2-1 所示为“树流感”物种点空间分布图。图 2-1(a)为“树流感”在美国加利福尼亚洲的空间分布图。在加利福尼亚洲“树流感”感染点主要分布在其西南沿海岸地区的共 14 个郡内，分别为：洪堡(humboldt)、索诺马(sonoma)、圣马特奥(San Mateo)、圣克拉拉市(Santa Clara)、蒙特里(Monterey)、门多西诺(Mendocino)、马林(Marin)、纳帕(Napa)、索拉诺(Solano)、康特拉哥斯达(Contra costa)、阿拉米达(Alameda)、圣克鲁什(Santa Cruz)、莱克(Lake)和旧金山(San Francisco)。其中有67.8%的数据点集中分布在洪堡、索诺马、圣马特奥、圣克拉拉市、蒙特里这5个郡内。在俄勒冈州感染点主要分布在俄勒冈州南部沿海地区的寇里(curry)。图2-1(b)为"树流感"物种点在欧洲部分地区的空间分布图。主要分布在荷兰的格尔德兰省埃德(Gelderland-Ede)、乌特勒支(utrecht)、上艾瑟尔(overijssel);爱尔兰的科克(Corcaigh)、蒂珀雷里郡(Tipperary)、基尔肯尼郡(kilkenny);英国的康沃尔郡(Cornwall)、德文郡(Devon)、萨默塞特郡(somerset)、威尔士(Wales),另外在英国中部还有部分分布。

收集的物种分布点数据共有1771个,其中有大约1/3分布在美国加利福尼亚州。美国加利福尼亚州位于美国西部太平洋沿岸,是"树流感"发生最严重的疫区之一,它与中国均位于北半球,且纬度相似,物候也是一样的。因此该研究选取加利福尼亚州为最佳的气候参照区域。为了确定加利福尼亚州物种分布的中心,需要借助ArcGIS的Measuring Geographic Distributions(度量空间分布工具集),其提供了多种表达要素空间分布及中心的方法,如:查找距其所有要素距离最短的要素、判定空间分布特征的方向性因素、统计线要素的主要变化发展趋势、计算所有输入要素的均值中心、计算要素的标准距离等。利用ArcGIS的central feature功能对加利福尼亚洲的物种分布点进行中心要素的确定,认为距离所有点最近的这个中心要素点是最佳的参照点。最终确定的最佳气候参照点位于圣马特奥郡。另外选取纬度大致相似的荷兰的格尔德兰省埃德市(Gelderland-Ede)、爱尔兰的科克(Corcaigh)、基尔肯尼郡(kilkenny)、蒂珀雷里郡(Tipperary)、英国的康沃尔郡(Cornwall)、德文郡(Devon)、萨默塞特郡(somerset)、威尔士(Wales)共8个点作为另外的对比参照点。利用ArcGIS的Spatial Analyst Tools-Extraction by Point功能把气候要素栅格集中参照点以及中国气象站点的各项气候要素提取出来构成原始样本集。

(2)要素的标准化计算

选择的4个气候要素构成了一个四维空间,形成原始样本集。其中,X_{kj}为四维空间上的点(j=1,2,3,4;k=1,2,3,…,n);A_n表示不同的气象观测地点;P_m表示不同观测地点的4个气象要素,如表4-4所示。

表4-4 原始样本集

	P_1	P_2	P_3	P_4
A_1	X_{11}	X_{12}	X_{13}	X_{14}
A_2	X_{21}	X_{22}	X_{23}	X_{24}
A_3	X_{31}	X_{32}	X_{33}	X_{34}
…	…	…	…	…
A_n	X_{n1}	X_{n2}	X_{n3}	X_{n4}

气象要素集中各要素的单位不一样。计算相似距时，为使它们能在同一水平上进行比较，需要进行无量纲化处理。首先对于提取出来的原始样本集，删除样点值为空的点(多为沿海岛屿气象站点，缺失气象数据)，形成新的样本集。根据公式4-10、4-11计算得到4个气候要素的平均值X_k与标准差δ_k如表4-5所示。根据公式4-9计算每个样地上各个要素的标准化值，进而得到了标准化样本集。

表4-5 气候要素标准化参数

要素 参数	月均降水量(mm)	月均最高温(℃)	月均最低温(℃)	相对湿度(%)
平均值	41.71	16.67	-0.41	58.51
标准差	42.76	5.86	9.06	21.05

(3)计算气候相似距

根据公式4-12将样本集中中国地区气象和选择的8个其他参照点与最佳参照点加利福尼亚洲圣马特奥郡进行气候相似距系数的计算。其中各要素的权重集取自上一节层次分析法计算获得的值，其为$W=(W_1, W_2, W_3, W_4)=(0.3704, 0.385, 0.0594, 0.1852)$，$W_1$，$W_2$，$W_3$，$W_4$分别为月均降水量、月均最高温、月均最低温和相对湿度。

4.2 基于AHP-模糊综合评价方法的适生性分析

本节以中国2001—2010年12月至翌年5月份的月均气象数据为基础，基于AHP-模糊综合评价方法预测"树流感"在中国的适生度分布、适生分级结果以及潜在适生区。首先根据建立的各个评价因子隶属函数，以ArcGIS软件为平台利用栅格计算功能计算4个环境变量在12月至翌年5月这6个月份中的平均隶属度栅格图层。然后根据综合评价指数Y的计算公式4-3计算出"树流感"在中国的综合适生度。计算得到的适生度范围为[0, 1]，这里我们把结果范围线性拉伸到[0, 100]，使结果更具可读性。其中，适生度值越趋于100，表示适生度越高，适生度值越趋于0，表示适生度越小。

4.2.1 适生度分布

基于AHP-模糊综合评价方法得到了"树流感"在中国的适生度分布专题图(图4-1)。从适生度预测结果可以看出，"树流感"在中国的适生度分布从西南往东北方向是逐渐降低的，在靠近沿海纬度较低的区域，适生度明显较高，这与该区域的湿度较大、气温较高有关。以长江流域为界，在中国东南部沿海地区、中部地区以及西部四川盆地的栎树猝死病菌的适生度较高，而东北和西北部地区的栎树猝死病菌适生度较低；在西北部地区，青海和西藏的栎树猝死病菌适生度要比周边地区略低。最适宜区域主要有福建、广东、湖南、江西、浙江、台湾以及湖北、安徽、广西的部分地区。本章的预测结果与病菌适于生长在高湿适温环境这一适生条件基本一致。该结果与 2008 年邵立娜用 CLIMEX 模型预测栎树猝死病原在中国的适生区结果以及 2007 年 Kluza 用 GARP 模型预测栎树猝死病菌在亚洲的适生分布结果基本一致。

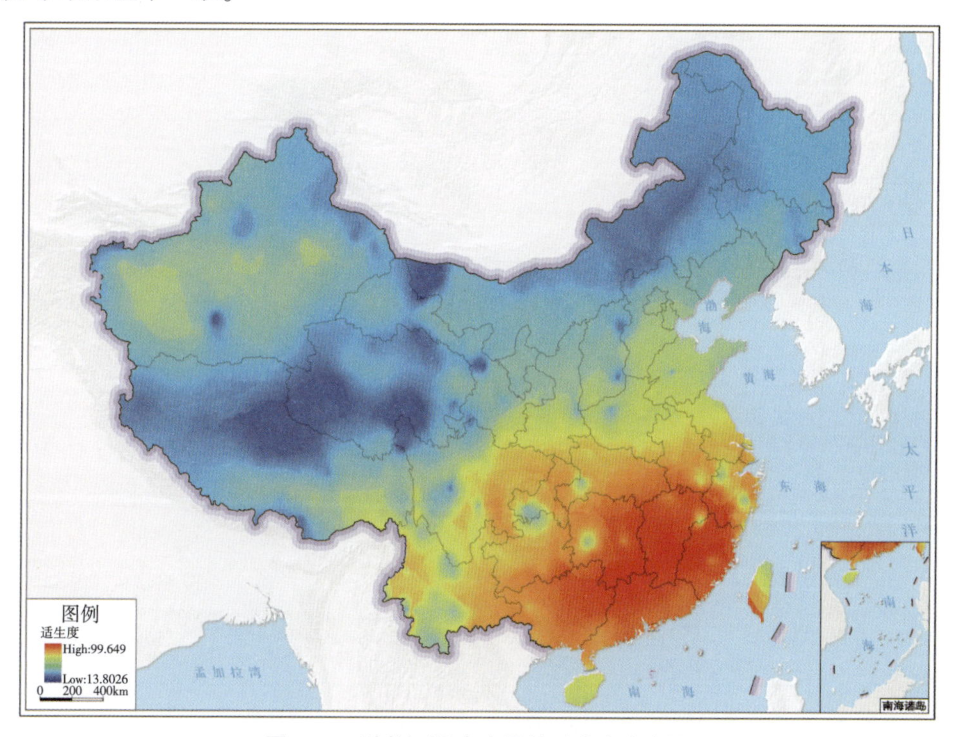

图 4-1 “树流感”在中国的适生度分布图

4.2.2 适生分级标准

上一小节中得到的适生度数值可以反映出“树流感”在我国的适生分布变化趋势情况，但适生值无法反映真正的适生程度。为了得到“树流感”在中国不同区域的适生等级，需要选择合适的阈值对“树流感”在中国危险适生程度进行划分。之前我们确定了“树流感”的适生评判 4 个等级：最适宜区域、中等适宜区域、不适宜区域、极不适宜区域，下面将确定划分“树流感”适生等级的标准。

前面介绍到，美国加利福尼亚州是“树流感”严重疫区，该地区与中国均位于北半球，且纬度相似，物候一致。因此我们把前面建立的 AHP-模糊综合评价模型应用于“树流感”严重疫区美国加利福尼亚州，通过对比加利福尼亚洲的适生度值与中国的适生度值，确定等级划分的阈值。这里我们假设严重疫区美国加利福尼亚州的气候条件为“树流感”最适宜气候条件。在 ArcGIS 中利用 Spatial Analyst Tools-Extraction by Mask 工具以加利福尼亚州地区为掩膜把各气象因素栅格图层裁剪出来，并计算 4 个环境变量在 12 月至翌年 5 月这 6

个月份中的平均隶属度栅格图层。然后根据综合评价指数 Y 的计算公式 4-3 计算出“树流感”在加利福尼亚洲的综合适生度。得到“树流感”在美国加利福尼亚洲的适生度分布图，如图 4-2 所示。

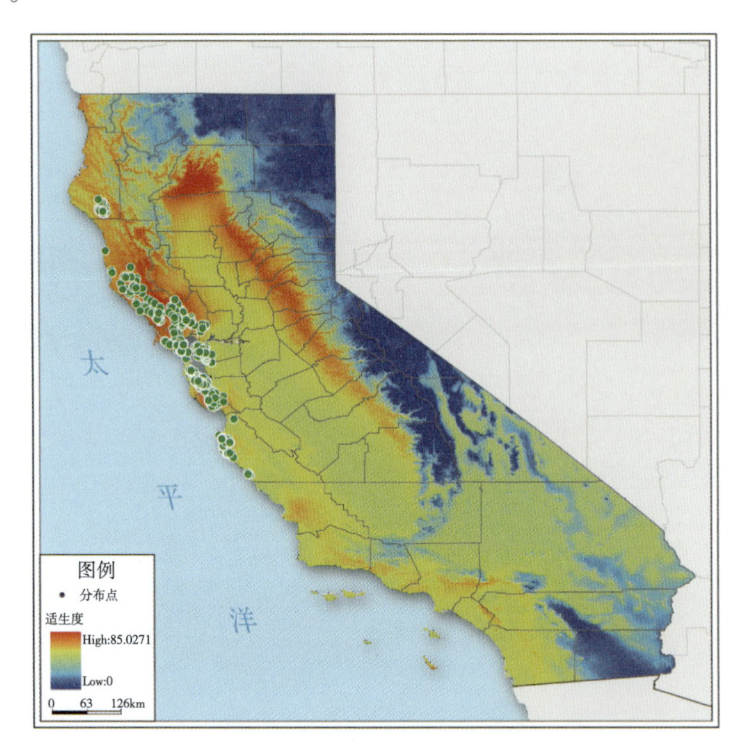

图 4-2 “树流感”在加利福尼亚洲的适生度分布图

在 ArcGIS 中利用 Spatial Analyst Tools-Extraction by Point 工具把物种分布点的适生度值提取出来，并加以统计。删除其中的一个异常值(-9999)，得到的统计信息如表 4-6 所示。

表 4-6 物种点适生度统计

类别	数值
数据个数	1114
平均值	70.97
最大值	81.04
最小值	62.67
标准偏差	3.95

统计结果表明，AHP-模糊综合评价方法得到的“树流感”爆发分布点的适生值变化范围 62.67~81.04，平均适生值为 70.97。根据以上的统计信息，采用等差法对适生值的大

小做出划分标准，并认为预测结果与实际近似一致：A>80 为最适宜；60<A<80 为中等适宜；40<A<60 为不适宜；A<40 为极不适宜。

在 ArcGIS 中利用重分类功能对上节得到的适生度分布结果进行分类，得到如图 4-3 所示的"树流感"在中国的适生分级专题图。

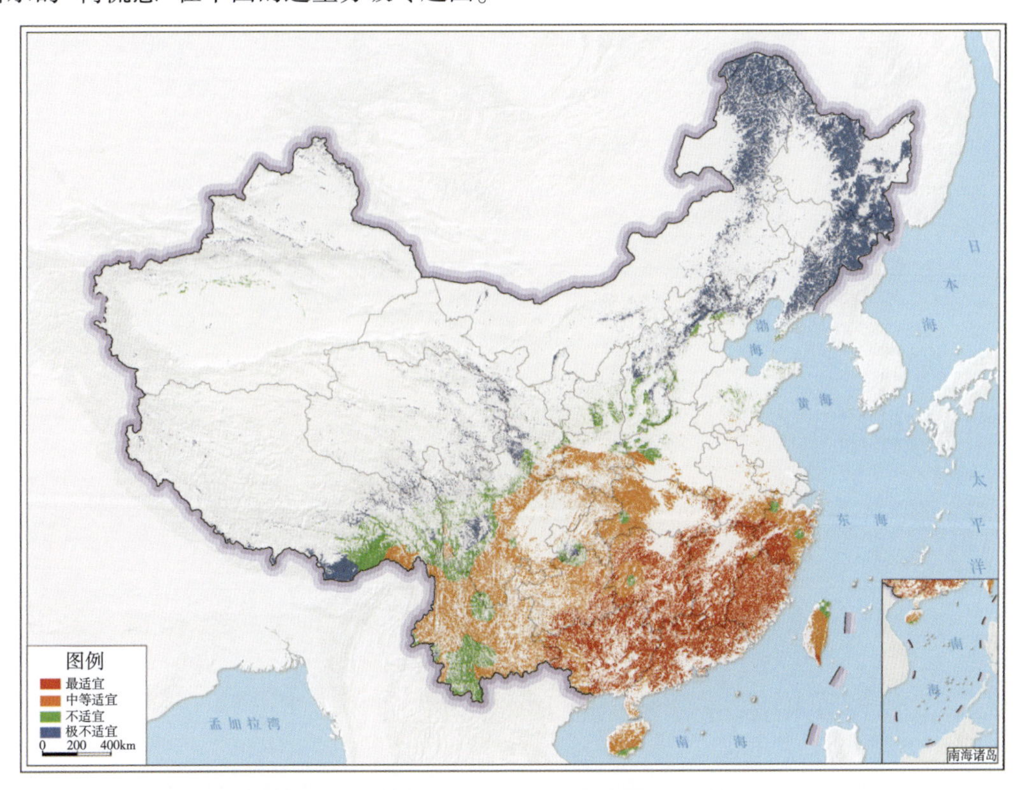

图 4-3 基于 AHP-模糊综合评价方法的"树流感"在中国的适生分级图

统计表明，最适宜区域总面积为 92.06 万 km^2，占中国国土总面积的 9.59%，包括广西、广东、福建、江西以及贵州、湖南、湖北的部分区域和台湾西南部的小部分区域，云南只有极少部分区域为最适宜。中等适宜区域总面积为 140.05 万 km^2，占国土总面积的 14.60%，包括云南、贵州、四川、重庆、湖北、安徽、江苏以及浙江的部分区域和台湾大部分区域。最适宜区域与中等适宜区域面积占总面积的 24.2%。

4.2.3 潜在适生区提取

应用 ArcGIS 的空间叠置分析功能，把"树流感"寄主植被分布图与适生分级分布专题图进行空间叠置分析，得到"树流感"在我国的潜在分布，如图 4-4 所示。

在有林地区范围内，最适宜区域面积为 48.88 万 km^2，比剔除有林地之前的面积几乎减少了 43.18 万 km^2；中等适宜区域面积为 49.38 万 km^2，比剔除有林地之前的面积减少了 90.67 万 km^2。对这些森林覆盖区域应着重关注"树流感"发生的潜在风险。

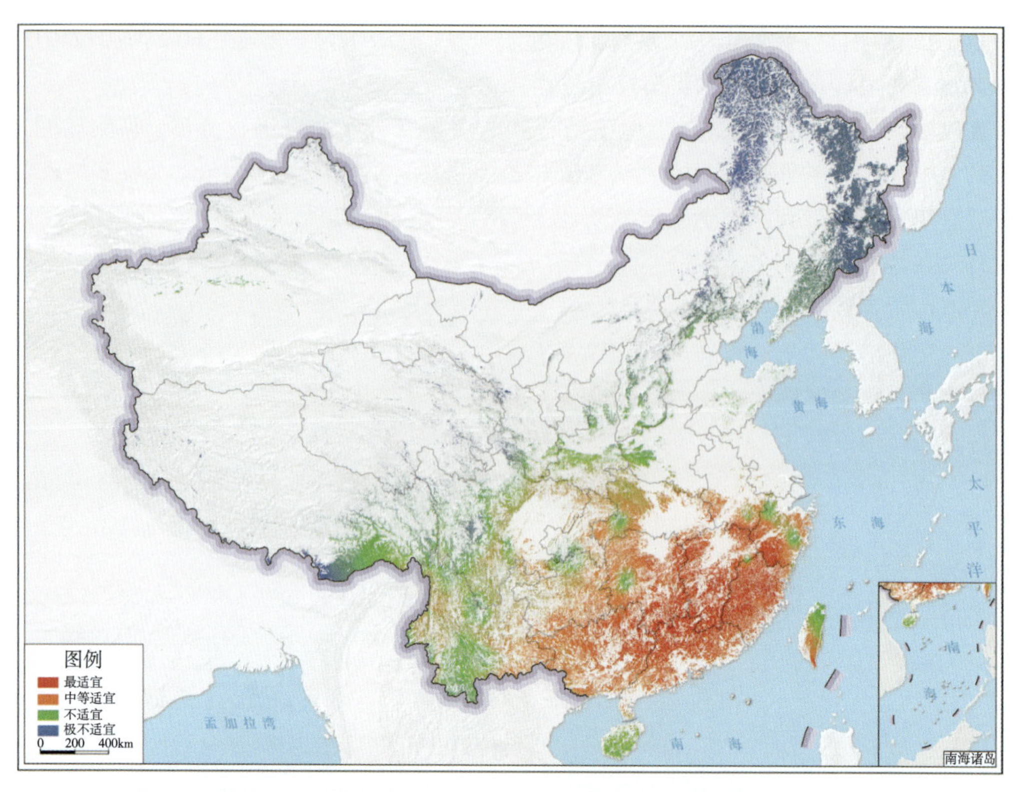

图 4-4 基于 AHP-模糊综合评价方法的"树流感"在中国的潜在适生分布图

4.3 基于气候相似性分析方法的适生性分析

基于气候相似性方法分析"树流感"病原菌的适生性，首先需要获取气候相似距的分布，然后根据一定标准对气候相似程度进行分级，最后提取潜在适生区。

4.3.1 气候相似距分布

基于 8 个"树流感"其他参照点与最佳参照点的多维相似距计算结果如表 4-7 所示。

表 4-7 其他发生地与圣马特奥郡的修正多维气候相似距

地点	相似距	地点	相似距
荷兰埃德	0.306	英国德文	0.241
爱尔兰蒂珀雷里	0.223	英国威尔士	0.223
爱尔兰基尔肯尼	0.247	爱尔兰科克	0.205
英国康沃尔	0.231	英国萨默塞特	0.263

其中，相似距最大为 0.306，在荷兰埃德；最小为 0.205，在爱尔兰科克。相似距平

均值为 0. 24。中国气象站点相似度系数变化是 0. 0638~0. 801，相似度系数平均值为 0. 4。各个参照点与最佳参照点圣马特奥郡的气候相似距系数比较集中。

统计中国气象站点与最佳参照点的气候相似距，中国气象站点相似度系数变化为 0. 0638~0. 801，说明不同区域的气候差异较大。把计算得到的中国气象站点的多维相似距结果通过空间插值得到中国全区域相似距系数分布图，如图 4-5 所示。"树流感"在中国的相似度系数变化是 0. 25~2. 73，相似度系数平均值为 1. 51。从图中可以大致看出，基于气候相似理论得到的预测结果与第三章基于 AHP-模糊综合评价方法得到的预测结果在空间分布的变化趋势上是一致的。"树流感"在我国中南部的适生度明显高于其他地区，适生度在西北和东北地区最低，在西藏和青海的大部分区域内，适生度甚至低于其周围其他区域，达到最低值。

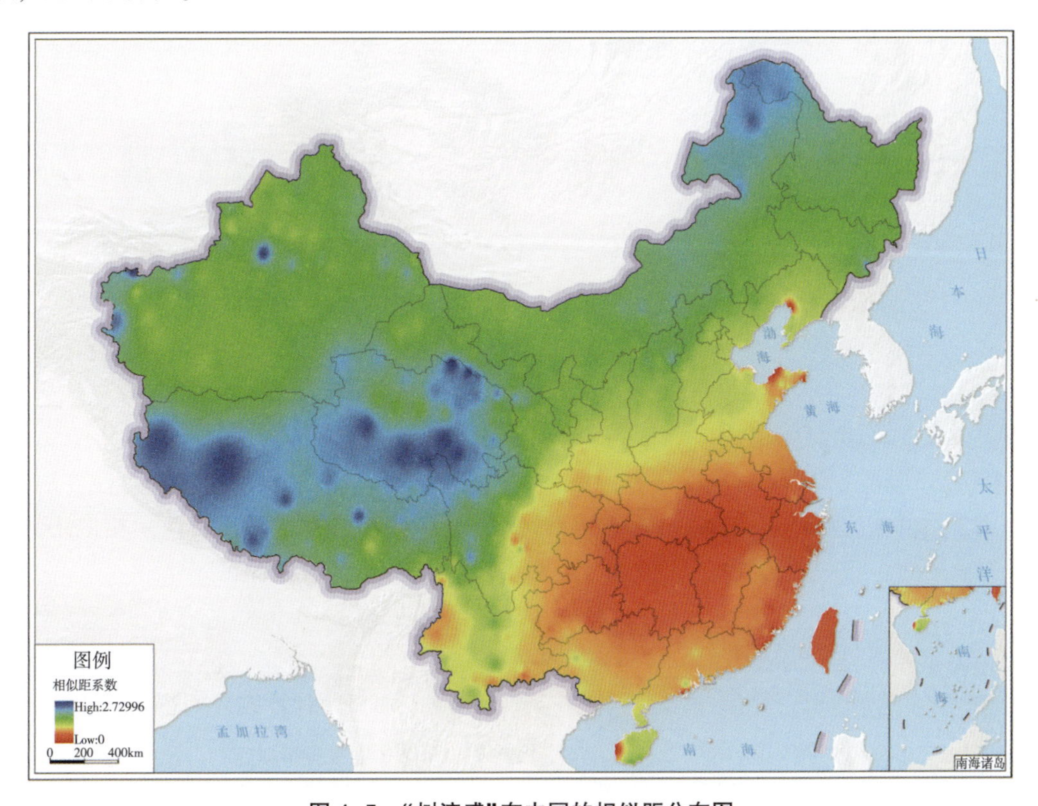

图 4-5 "树流感"在中国的相似距分布图

4. 3. 2 气候相似分级标准

基于以上方法计算出的相似距系数不能表示实际的相似程度，因此通过分析最佳参照点与"树流感"其他分布地区的气候相似距，划分"树流感"在中国潜在适生区的等级指标。基于"树流感"其他分布地与参照点气候相似距分析结果，将相似距小于等于平均值 0. 24 的地区划为最适宜区域，相似距为 0. 20~ 0. 31 的地区划为中等适宜区域，相似距为

0. 291～ 0. 55 的地区划为不适宜区域，大于 0. 55 的地区划分为极不适宜区域。相似等级划分标准如表 4-8 所示。

在 ArcGIS 中利用重分类功能对“树流感”在中国的相似距分布结果进行分级，得到如图 4-6 所示的“树流感”在中国的适生分级图。

表 4-8　相似距等级划分标准

级别	含义	相似距系数范围
1	最适宜区域	<0. 24
2	中等适宜区域	0. 20～ 0. 31
3	不适宜区域	0. 31～ 0. 55
4	极不适宜区域	>0. 55

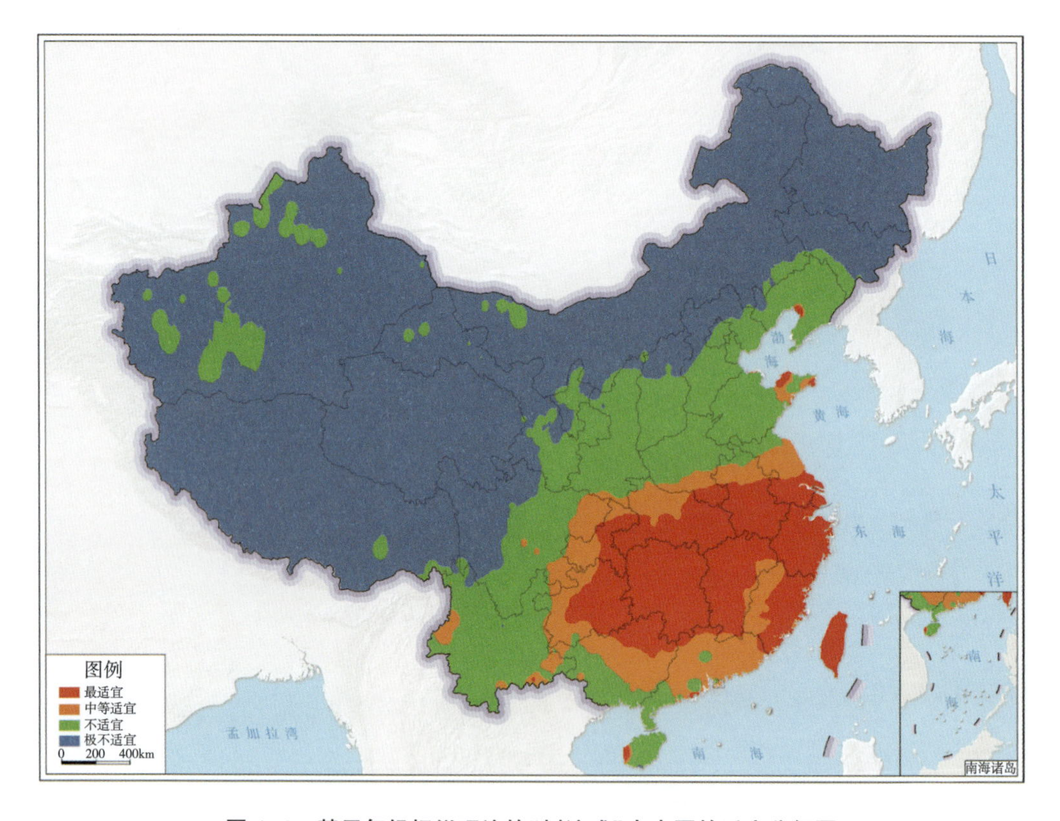

图 4-6　基于气候相似理论的“树流感”在中国的适生分级图

基于相似距得到的预测适生分级图结果与 AHP-模糊综合评价方法的结果具有一致的变化趋势。统计发现，最适宜区域总面积为 100. 05 万 km^2，占总面积的 10. 42%，包括广西、广东、福建、江西以及贵州、湖南、湖北的部分区域和台湾的绝大部分区域。云南只有西北部有极少部分区域为最适宜。中等适宜区域总面积为 61. 44 万 km^2，占总面积的 6. 4%，包括云南、贵州、四川、重庆、湖北、安徽、江苏以及浙江的部分区域和台湾部分区域。最适宜区域与中等适宜区域面积占总面积的16.82%。

4.3.3 潜在适生区提取

基于ArcGIS的空间叠置分析功能，把"树流感"寄主植被分布图与适生分级分布专题图进行空间叠置分析，得到"树流感"在我国的潜在分布，如图4-7所示。

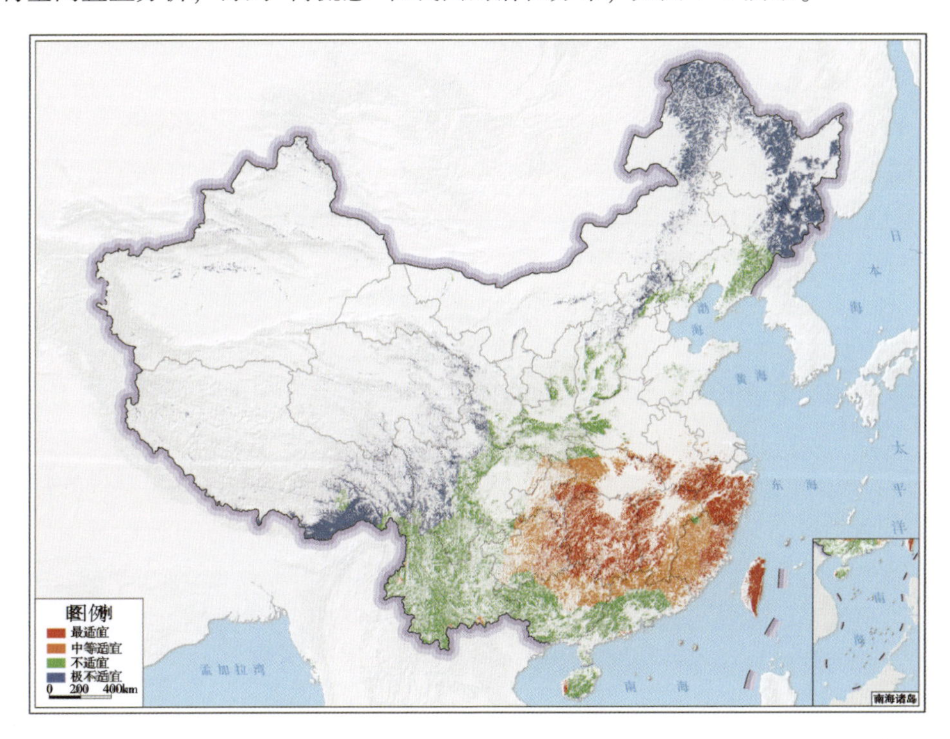

图4-7 基于气候相似理论的"树流感"在中国的潜在适生分布图

在有林地区范围内，最适宜区域面积为46.88万km^2，比剔除有林地之前的面积减少了53.17万km^2；中等适宜区域面积为25.15万km^2，比剔除有林地之前的面积减少了36.29万km^2。

4.4 适生性结果对比分析

本节分别从定性和定量两个角度对以上两种方法的适生性分析结果进行对比分析。

4.4.1 定性对比

首先我们从这两种方法的原理、变量的选择、数据、精度分析、效率等几个方面来分析它们各自的优劣。

(1)从原理上看，AHP-模糊综合评价方法以模糊数学为基础，将层次分析法和模糊综合评价结合起来，用隶属度来刻画事物的模糊界限。该方法能较全面地综合评价主体的意见，客观反映评价对象的隶属程度，实现了主观知识与客观条件的统一。该方法中隶属函数以及气候要素权重的确定均离不开专家的先验知识，不同人的判断标准可能不同，因此可能具有多种不同结果。而气候相似理论通过衡量某个待预测地方与物种分布已知点的气候相似程度，来确定该地物种的适生性，认为相似程度越高，适生度越大，反之适生度就越低。该理论的关键在于选择合适的参照点。其优势在于不依赖于主观知识，仅通过物种的适生环境来确定未知地的适生性，其结果客观可靠。

(2)从气候变量的选择来看，由于栎树猝死病菌适合于阴冷潮湿环境下生长，根据病菌的生理生态特征，两种方法都选择了月均降水量、月均最高温、月均最低温以及相对湿度这 4 个气候变量，认为它们能综合反映病菌繁殖传播的气候条件。AHP-模糊综合评价方法考虑了每个气候变量对病菌的不同影响，引入了权重影响。气候相似理论中同样使用了基于层次分析法得到 4 个气候变量的权重。

(3)从数据的角度来看，AHP-模糊综合评价方法收集了中国 2001—2010 年全国气象站点的月均数据。通过空间插值以及空间叠加得到各变量在全国 12 月至翌年 5 月份(病菌繁殖期)的栅格图层。该方法不需要物种的存在数据。对于气候相似理论方法，使用的数据是 1950—2000 年全球的月均温度与降水栅格数据，以及 1960—1990 年全球的月均相对湿度数据。月均温度与降水数据均通过空间叠加得到 12 月至翌年 5 月份的月均值。而由于相对湿度数据难以获取，此处的相对湿度数据为 1960—1990 年的 30 年平均，与其他 3 种变量存在时间不一致性。这里假设各地的气候条件稳定，所以忽略时间范围不同的影响。该方法需要物种的存在点数据来确定气候参照点。

(4)从计算效率的角度来看，AHP-模糊综合评价方法构建的模型更加复杂，但气候相似理论方法比 AHP-模糊综合评价方法需要收集并处理更多的数据，包括物种存在点数据以及物种分布地区的气候数据。

从预测结果上看，我们对比了基于 AHP-模糊综合评价方法与基于气候相距性分析方法得到的“树流感”在中国的适生度分布结果、适生分级结果以及潜在适生区结果，如图 4-8 所示。

在图 4-8 中，(a)与(b)图分别为基于 AHP-模糊综合评价方法与基于气候相似理论方法的适生度分布图；(c)与(d)图分别为基于 AHP-模糊综合评价方法与基于气候相似理论方法的适生分级图；(e)与(f)图分别为基于 AHP-模糊综合评价方法与基于气候相似理论方法的潜在适生区分布图。

从(a)与(b)图的对比可以看出，基于气候相似理论的方法得到的预测结果与 AHP-模糊综合评价方法得到的预测结果相比，在黄河流域以南的适生度明显高于以北的区域，(b)图中较高适生度(红色区域)区域略向东部偏移；在西北地区，(a)图中的新疆中部地区适生度比周围偏高，而(b)图中西藏大部分地区却表现出偏低的适生度；在东北地区，

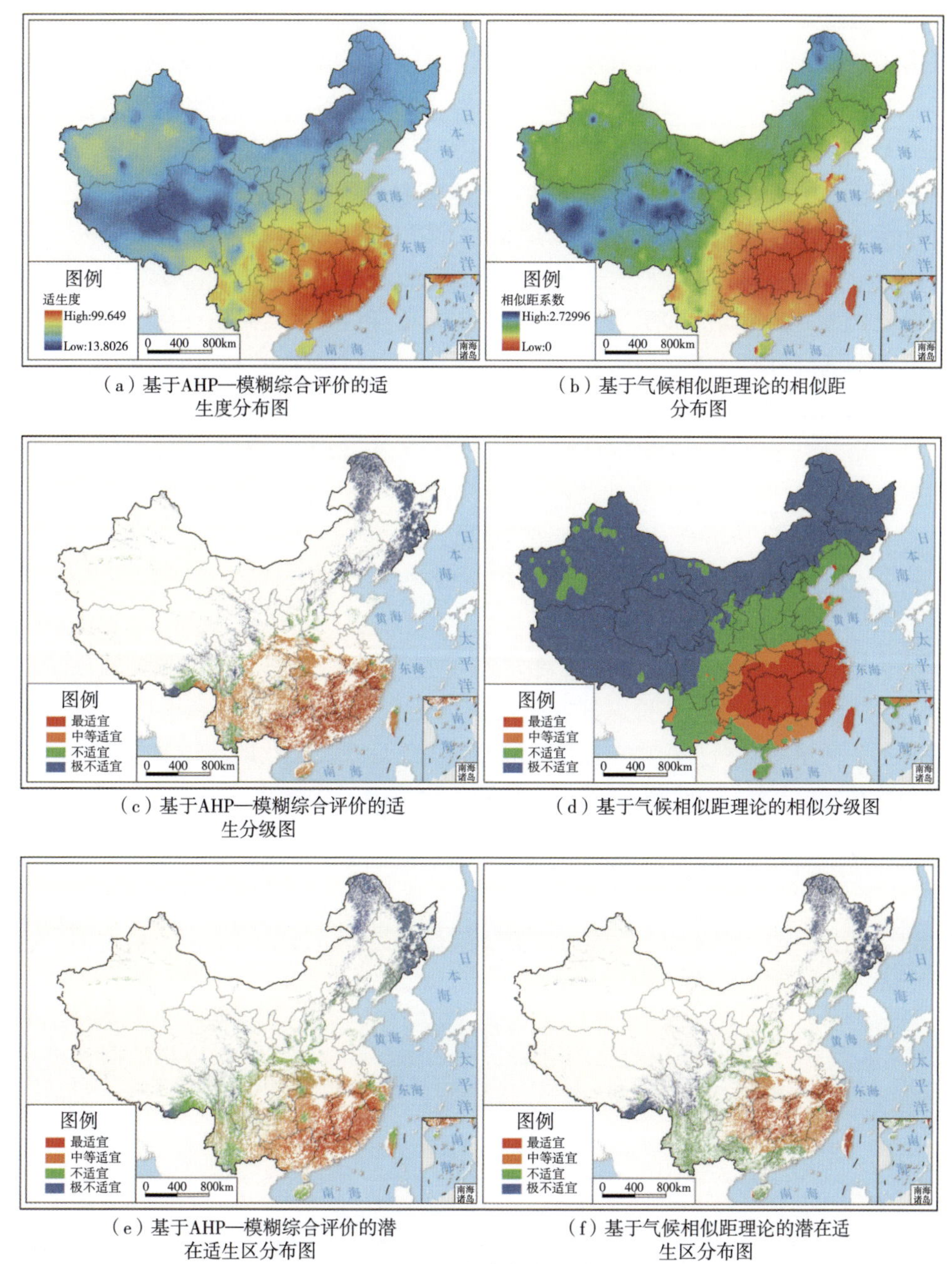

（a）基于AHP—模糊综合评价的适生度分布图

（b）基于气候相似距理论的相似距分布图

（c）基于AHP—模糊综合评价的适生分级图

（d）基于气候相似距理论的相似分级图

（e）基于AHP—模糊综合评价的潜在适生区分布图

（f）基于气候相似距理论的潜在适生区分布图

图 4-8 适生分布结果对比

(a)与(b)图表现出类似的适生度变化趋势，即越往东北方向，适生度越低。

从(c)与(d)图的对比可以进一步看出适生度变化的趋势。与(c)图相比，(d)图中最适宜地区的面积明显增大，按省份来看，云南省已完全不在最适宜地区内，广东、广西的最适宜区域面积明显减少，贵州、重庆、湖北、安徽、江苏的最适宜区域面积明显增加，台湾大部分地区是最适宜区域。至于中等适宜地区，基于气候相似距理论得到的结果面积也明显高于基于 AHP-模糊综合评价方法的结果面积，多出的区域包括：广西、广东的西南部分区域，山西南部部分区域、河南部分区域以及河北的东北部分辽宁的部分区域。不适宜与极不适宜地区的预测结果差异较大，如(c)与(d)图中青色与蓝色部分，青色均为不适宜地区，蓝色均为极不适宜地区。

分析以上两种方法得到的适生结果产生差异的可能原因，第一种方法依赖于先验知识，存在主观性，且得到的是适生度分布，第二种方法更客观，得到的是相似距分布。两种方法计算的指标必须首先确定适生基准才能进行比较，存在量纲不一致。由于适生分级的标准不同，可能造成分级结果的不同。

(e)与(f) 图显示的是(c)与(d)图分别剔除非林地后的“树流感”在中国的适生区分布。可以看出，由于缺乏寄主植物分布，西北及部分东北地区“树流感”没有发生的可能；较高适生度(红色区域)区域的有林地较广泛，其范围几乎没有太大的变化。剔除非林地后的适生分布结果更能准确反映“树流感”在中国的潜在分布情况。

4.4.2 定量对比

本节将定量对比 AHP-模糊综合评价方法与气候相似性分析方法的预测结果。首先分别统计基于 AHP-模糊综合评价方法与基于气候相似理论的方法得到的适生分级分布图中，各级适生区域的面积并对比它们之间的差异；然后找到变化的区域并分析这部分区域的空间分布规律。最后结合两种预测结果得到细化的适生分布图。

两种方法得到的各适生级别的面积统计结果如表 4-9 所示。从表 4-9 中可以看出，AHP-模糊综合评价方法的预测结果与气候相似性分析方法的预测结果有一定的差异，第二种方法与第一种相比，最适宜区域面积几乎一致，相差了 7.9 万 km^2，占总面积的比例多了 0.82%；中等适宜区域面积较小，差了 78.61 万 km^2，占总面积的比例低了 8.2%；不适宜区域面积较多，多了 52 万 km^2，占总面积的比例多了 5.42%；极不适宜区域面积增加了 18.6 万 km^2，占总面积的比例增加了 1.91%。这说明第二种方法比第一种方法得到的“树流感”在中国的适宜区域略小。

表 4-9 两种方法预测结果面积统计

方法 分级	AHP-模糊综合评价方法		气候相似理论	
	面积(万 km^2)	比例(%)	面积(万 km^2)	比例(%)
最适宜区域	92.06	9.59	100.05	10.42
中等适宜区域	140.05	14.60	61.44	6.4
不适宜区域	146.34	15.25	198.34	20.67
极不适宜区域	581.10	60.56	599.7	62.47

剔除非林地后各适生级别的面积统计结果如表 4-10 所示。

表 4-10 剔除非林地后的预测结果面积统计

方法 分级	AHP-模糊综合评价方法		气候相似理论	
	面积(万 km^2)	比例(%)	面积(万 km^2)	比例(%)
最适宜区域	61.99	33.44	46.88	25.29
中等适宜区域	25.11	13.55	25.15	13.57
不适宜区域	49.38	26.64	48.44	26.13
极不适宜区域	48.88	26.37	64.89	35.01

图 4-9 所示为两种方法预测结果的对比变化分布图。图例记为：级别-级别(前后不区分方法)。得到均为最适宜区域的面积为 57.75 万 km^2，主要包括以下地区：广西、贵州、湖南、湖北、江西、福建、安徽以及浙江的部分区域。得到"最适宜-中等适宜"区域的面积为 66 万 km^2，该部分区域呈环状围绕在最适宜区域的周围，主要包括以下地区：广西、广东、贵州、重庆、湖南、湖北、安徽、江苏、浙江福建及台湾的部分区域。得到均为中等适宜区域的面积为 31.65 万 km^2，该部分区域呈条状分布于前两个区域之外，主要包括海南、云南、四川、陕西、河南、江苏以及山东的部分区域。这三部分的面积总和为 155.4 万 km^2，占总面积的比例为 16.19%。

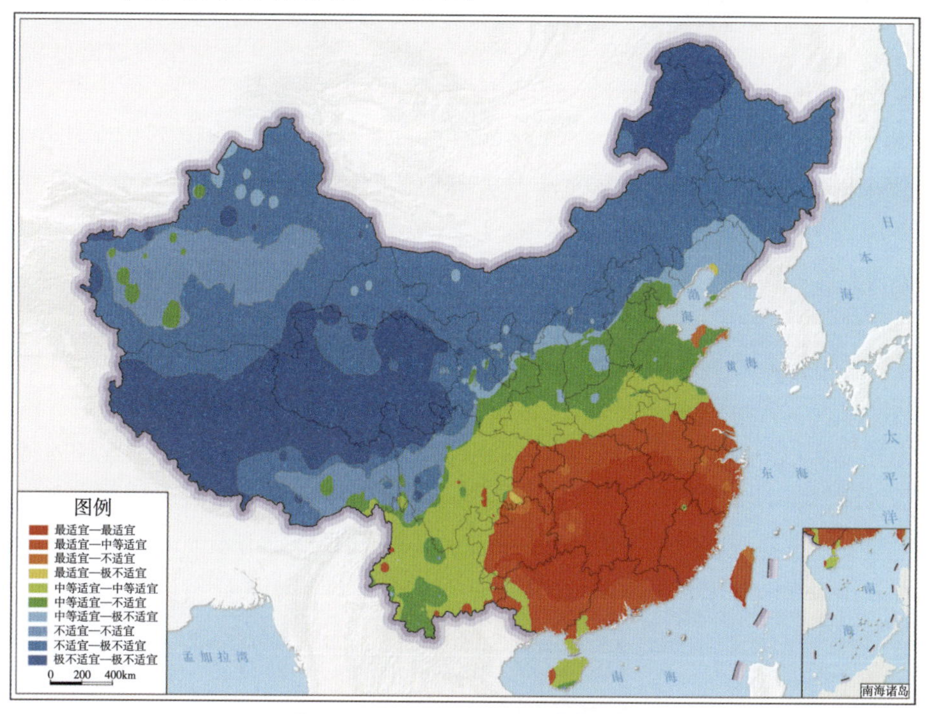

图 4-9 适生分级预测结果变化图

4.5 小结

本章介绍了“树流感”在中国的适生区预测方法与风险评估定量分析方法。在适生区预测方法方面，一是基于AHP-模糊综合评价方法，从适生评价因子的确定、适生评价标准集的确定、适生评价因子隶属函数的确定、适生评价因子权重的确定这几个方面出发，利用气候要素计算“树流感”在中国的适生度。二是基于气候相似性分析方法，以气候是影响物种分布的主要因子为前提，主要考虑预测区域与物种爆发区的气候相似程度。然后从气候参照点的选择、气候要素的标准化计算、气候相似距的计算几个方面出发，计算出“树流感”在中国各气象站点与参照点的相似系数。选择合适的参照点是该方法的关键。

AHP-模糊综合评价方法与气候相似性分析方法这两种方法的适生分级都是通过分析“树流感”严重疫区的适生值或气候相似系数大小来确定的，它是基于“树流感”严重疫区的气候条件为“树流感”病菌最适宜的气候条件这一假设来实现的。通过AHP-模糊综合评价方法与气候相似性分析方法两种方法得到的预测结果具有一致的趋势，但各适生等级的面积有一定的差异。AHP-模糊综合评价方法中得到的最适宜区域总面积为92.06万km^2，占中国国土总面积的9.59%，中等适宜区域总面积为140.05万km^2，占中国国土总面积的14.60%，最适宜区域与中等适宜区域面积占总面积的24.2%。气候相似性分析方法中得到的最适宜区域总面积为100.05万km^2，占中国国土总面积的10.42%，中等适宜区域总面积为61.44万km^2，占中国国土总面积的6.4%，最适宜区域与中等适宜区域面积占中国国土总面积的16.82%。

研究中将预测结果与“树流感”寄主植物分布叠加分析得到“树流感”在中国的潜在适生区。结果发现，AHP-模糊综合评价方法中最适宜区域面积为48.88万km^2，减少了43.18万km^2；中等适宜区域面积为49.38万km^2，减少了90.67万km^2。气候相似性分析方法中最适宜区域面积为46.88万km^2，减少了53.17万km^2；中等适宜区域面积为25.15万km^2，减少了36.29万km^2。

通过定性与定量两个角度对比AHP-模糊综合评价方法与气候相似性分析方法两种方法的预测结果，认为两种方法各有优劣。定性方面从方法的原理、选择的变量、使用的数据以及计算效率几个方面对比了AHP-模糊综合评价方法与气候相似理论方法的特点，然后对比了两种方法的预测结果，包括适生度分布图、适生分级分布图以及潜在适生区分布图。结果表明两种预测结果的整体分布趋势一致，但具有一定的差异。在定量分析中，统计了两种方法得到的各级适生区域的面积并对比它们之间的差异。

第5章

基于生态位模型的“树流感”爆发风险遥感诊断

本章利用降维后的环境因子集，基于多个生态位模型预测当前及未来气候情景下全球栎树猝死病菌的潜在入侵风险，进而推演中国地区当前及未来气候情景下“树流感”的潜在爆发风险，对爆发风险划分等级，获取短期(数年内)及中长期(30年和50年内)“树流感”的爆发风险预警。

5.1 生态位模型概述

利用生态位模型预测有害生物入侵分布的通用步骤包含五部分：数据收集与处理、建模、结果评价、投影范围、适用评估(Guisan *et al.*，2005)。通过预测得到的适生概率，设定合适的风险区划等级，获取其潜在入侵风险的不同警级，进而对其风险进行预警。前面已经针对数据收集与处理做了详细的说明，而生态位模型由物种分布数据，可分为存在-不存在模型(Presence-Absence model，PA)与存在模型(Presence-Only model，PO)；由模型方法又可分为相关模型(correlative model)与机理模型(mechanistic model)，其中，相关模型又可分为识别模型(discrimination model)与剖面模型(profile model)，识别模型需要两类物种分布数据(存在、不存在)，而对剖面模型，它只需要存在数据即可(Wang *et al.*，2007)，具体划分见表 5-1。目前，并无哪种模型是最适合预测或最优模型的定论，大部分研究都是针对多种模型进行对比分析，从而决定使用最好的预测结果或将不同预测结果进行组合(Brotons *et al.*，2004；Hernandez *et al.*，2006；Kelly *et al.*，2007；Ward *et al.*，2007)。

表 5-1 生态位模型分类、数据需求及来源参考文献

总类	子类	模型	物种数据	来源文献
相关模型	识别模型	广义线性模型 GLM	存在/不存在	McCullagh *et al.*，1989
		广义加性模型 GAM	存在/不存在	Hastie *et al.*，1990；Yee *et al.*，1991；Pearce *et al.*，2000
		增强型决策树 BRT	存在/不存在	Friedman *et al.*，2000
		多元自适应样条回归 MARS	存在/不存在	Friedman，1991
		规则集遗传算法 GARP	存在	Stockwell *et al.*，1999
		分类与回归树 CART	存在/不存在	Breiman *et al.*，1984
		最大熵 MaxEnt	存在	Phillips *et al.*，2004；2008
		人工神经网络 ANN	存在/不存在	Pearson *et al.*，2002
		随机森林 RF	存在/不存在	Breiman，2001
		支持向量机 SVM	存在/不存在	Guo *et al.*，2005
	剖面模型	Bioclim	存在	Busby，1991
		Domain	存在	Carpenter *et al.*，1993
		生态位因子分析 ENFA	存在	Hausser *et al.*，2002；Hirzel *et al.*，2002；2006
		马氏距离 Mahalanobis	存在	Farber *et al.*，2003

（续）

总类	子类	模型	物种数据	来源文献
机理模型		CLIMEX	存在	Sutherst *et al.*, 1995

物种的存在数据来源有实地收集、历史存档数据及采样等(Graham *et al.*, 2004)。当使用PA模型时，还需获取不存在数据，而不存在数据的获取耗时耗力，主要有三个方面的弊端：其一，在收集栎树猝死病菌的不存在数据时，需要花费大量时间去实地采集，并对采集植被标本进行室内试验，以确定是否感染栎树猝死病菌；其二，受采样尺寸影响，将数据放置于连续栅格数据中，这涉及分辨率的问题，如果一个单位像素中既包含感染植被，又包含未感染植被时，这将使采集的数据变得无用；其三，SOD疫情爆发蔓延速度较快，其寄主类型仍未完全界定，可能刚采集处理完不存在数据，后续又变为感染点，这些错误的不存在数据不仅浪费人力、物力，还将对建模造成极大的影响。因此，许多研究者都采用伪不存在点(pseudo-absence)，而不使用不存在点(Hirzel *et al.*, 2001, 2002; Kelly *et al.*, 2002; Rizzo *et al.*, 2003; Gu *et al.*, 2004; Kelly *et al.*, 2007)。

流行率(prevalence)，为存在点数量与所有点数量的比值，当其为50%时，即存在点数量等于不存在点数量时，被证明最适于建模(McPherson *et al.*, 2004; Barbet *et al.*, 2012; Liu *et al.*, 2013)。本章采用同样的方法，即取流行率为50%，当存在点数量与伪不存在点数量相同，且伪不存在点与存在点相隔2°(2° far)进行随机选取。

本章选取四个风险预测模型，MaxEnt与GARP为PO模型，GLM与SVM为PA模型，均为两类模型的代表。研究这4个预测模型，评价其预测结果精度，为中国“树流感”潜在入侵风险预测选取精度最优的模型，并与其他模型结果进行对比分析，探索模型预测能力及适用性。

5.1.1 MaxEnt 模型

最大熵模型(MaxEnt)是基于最大熵原理的生态位预测模型(Phillips *et al.*, 2006)。它根据已知的物种分布数据和环境变量因子，寻找已知物种分布区内环境特征与研究区地理分布的非随机关系，在满足已知信息的约束条件下，找到熵最大的概率分布作为最优解，从而预测物种适生分布情况。

假定X为环境变量的点位信息，x_1，x_2，…，x_n为已知物种分布点，n为已知分布点的个数。那么x_1，x_2，…，x_n即为X的一个抽样，这些点受地理位置概率分布支配，设之为π，估算π前需构建其近似值$\hat{\pi}$。假设f_j是所有分布点环境变量的函数，则每个f_j的数

学期望 $\pi[f_j]$ 等于 $\sum_{x\in X}\pi(x)f_j(x)$ 。$\pi[f_j]$ 可以通过已知分布点的实值来进行估计，点关于 f_j 的实值的平均 $\bar{\pi}[f_j]$ 等于 $\frac{1}{n}\sum_{j=1}^{n}f_j(x_j)$ 。因此，“约束条件”可表示为 $\hat{\pi}[f_j]=\bar{\pi}[f_j]$，需有一个邻域限制条件使得 f_j 经验均值逼近真实值：

$$|\hat{\pi}[f_j]=\bar{\pi}[f_j]|\leqslant\beta_j \tag{5-1}$$

由凸对偶理论，$\hat{\pi}$ 可由一个特定的 Gibbs 分布描述：

$$q_\lambda(x)=\frac{e^{\lambda f(x)}}{Z_\lambda}=\frac{e^{\sum_{j=1}^{N}\lambda_j f_j(x)}}{Z_\lambda} \tag{5-2}$$

其中，λ_j 为指标 j 的权重系数，Z_λ 为常数并保证 $\sum q_\lambda=1$。

最大信息熵的概率分布等价于特定的 Gibbs 分布，该特定 Gibbs 分布需保证函数 $\bar{\pi}[In(q_\lambda)]$ 的值最小(徐敏，2011)。

Robert E. Schapire 发布了最新版 MaxEnt 模型集成软件(3. 3. 3k)。模型需输入物种分布点位数据，相关环境变量，本章为前述经主成分变换后选取的主成分变量(后续模型输入的环境变量均一致)。随机选取分布点中 25%作为测试集，其余 75%为训练集，迭代次数为 500 次，流行率取 0. 5，剩余为默认设置。

5. 1. 2 GARP 模型

GARP(Genetic Algorithm for Rule-set Production)是基于遗传算法的预设规则集合(Stockwell，1999)。GARP 模型通过物种的已知分布数据及相关环境变量，产生不同规则的集合以判断物种的生态需求，进而总结物种的生态需求，预测其潜在分布。GARP 从预设的规则中选择一种规则，利用训练数据生成一个模型，根据模型创建过程中预测精确度的变化，来判断一个规则是否应该包括在模型中。

GARP 基于规则建模的策略是用一组条件语句进行判别，GARP 现有 4 种规则：①原子规则，它用唯一值确定物种的存在情况；②生物气候包络，它基于 Nix(1986)所使用的 Bioclim 规则模型。Bioclim 将符合特定值的区域形成一个包络，预测在包络区域内的点为存在，而将包络区域外的点预测为不存在；③逆生物气候包络，与生物气候包络规则相反；④逻辑回归规则，物种分布概率为：

$$\begin{cases}p=\dfrac{1}{1+e^{-y}}\\ y=a_0+a_1x_1+a_2x_2+\cdots+a_nx_n\end{cases} \tag{5-3}$$

其中，p 表示感兴趣区的分布概率，x_1，x_2，…，x_n 代表环境变量，a_0，a_1，$\cdots a_n$ 代表它们的系数，规则判定当 $p>0.75$ 时，则预测该点存在物种。

在 DesktopGARP 1. 1. 6 下运行 GARP。首先，将环境变量导入软件中 Dataset manager，

转换成其可以识别的 . raw 格式，物种分布点训练数据保存为 . csv 文件。进行 GARP 分析时首先要进行参数设定，包括训练数据的比例、运算规则、最优模型选择、预测结果的显示及存储位置。设定训练数据的比例，用这些数据生成预测模型，再用剩余的数据对生成的模型进行校验。训练数据设定比例选择为 75%，使用了 GARP 的全部 4 种运算规则，以 ARC/INFO Grids 的格式输出。

5. 1. 3 GLM 模型

广义线性模型(Generalized Linear Model，GLM)属于经典统计学范畴，为参数模型，其模型框架比基本的线性回归更为灵活。GLM 是普通线性回归的扩展，能够对非正态变量进行建模(McCullagh and Nelder，1989)。在生态位建模中常使用 logit 连接函数，通过最大似然参数优化法来获取二值响应变量的优势对数(Franklin，1995；Miller，2005)。

通过真实存在及伪存在 SOD 爆发点数据，本章利用 R 语言‘MASS’package 中的 GLM 函数构建逻辑回归模型(LR，logistic regression model)(Venables and Ripley，2002)，其中误差分布(error distribution)选择二项分布(binomial)。易染点转为入侵点的概率 p_i 的对数变换为：

$$\log(p_i) = \log\frac{p_i}{1 - p_i} = \beta_0 + \sum_{j=1}^{n}\beta_j x_j \tag{5-4}$$

其中，β 回归系数，x_1，x_2，…，x_n，为环境变量。使用赤池信息量(AIC，Akaike's information criterion)前向和后向选择重要性高的变量。

5. 1. 4 SVM 模型

支持向量机(Support Vector machines，SVM)是 Vapnik(1995)提出的针对分类和回归问题的统计学习理论。SVM 方法基于结构风险最小化原理，适用于两类样本的二分类问题。例如在物种分布预测中，有物种分布的点为正类，没有该物种分布的点即为负类。SVM 利用一个超平面作为决策面在高维特征空间中将正负两类样本分开，模型参数为超平面的法向量 w 及截距 w_0。在欧式空间 R^n 中，决策函数 $f(x)=w^T x+w_0$，$f(x)=0$ 即为决策面，x 为样本点的特征向量，$x\epsilon R^n$。若 $f(x)\geqslant 0$ 则样本被预测为正类，反之，该样本被预测为负类。

对于非线性问题，可以引入非线性函数 $\varphi_j(x)$ 将 R^n 映射至 m 维的特征空间，$j=1$，2，…m，在高维特征空间中构造一个分界超平面作为决策面：

$$\sum_{j=1}^{m} w_j\varphi_j(x) + w_0 = 0 \tag{5-5}$$

其中，w_j 为连接特征空间至输出空间的线性权，w_0 为截距。

下式为 SVM 算法在预测两类间寻求最佳平衡的过程：

$$\min_{w} M(w) = \frac{1}{2} \| w \|^2 + \gamma \sum_{i=1}^{N} e_i \tag{5-6}$$

约束条件 $e_i \geqslant 0$，$y_i(w^T w_i + w_0) \geqslant 1 - e_i$，$i=1, 2, \cdots, N$。$y_i$ 为样本类别，若样本点 i 对应正类，$y_i=+1$；若样本点 i 对应负类，$y_i=-1$。e_i 为样本点 i 越过分类缓冲带的距离，即正松弛变量；γ 为可以调节的惩罚参数，N 为样本个数。

根据拉格朗日定理，引入拉格朗日乘子 a_i，式(4-6)即可转换成求解下述目标函数最大值：

$$Q(a) = \sum_{i=1}^{N} a_i - \frac{1}{2} \sum_{i=1}^{N} \sum_{j=1}^{N} a_i a_j y_i y_j (\varphi(x_i), \varphi(x_j)) \tag{5-7}$$

满足约束条件：$\sum_{i=1}^{N} a_i y_i = 0$，$0 \leqslant a_i \leqslant \gamma$

如果 $a_i>0$，那么这样的样本即为支持向量。在凸集的约束条件下，上式是一个典型的二次规划问题，且解是唯一的。

由此，最优超平面可定义为：

$$\sum_{i=1}^{N} a_i y_i k(x, x_i) + w_0 = 0 \tag{5-8}$$

其中，$k(x, x_i)$为核函数。支持向量机由训练样本及核函数确定，核函数的作用为平滑(低通滤波)、相似性度量，其有多种形式，如(非)齐次多项式、径向基、Sigmoid、薄板、样条核函数等(Scholkopf，2002)。其中，多项式、径向基、Sigmoid 核函数较为常用，使用 *R* 语言‘kernlab’package 中的函数 ksvm 建立 SVM(Alexandros *et al.*，2004)，类型选择 C-classification，核函数选择径向基核函数，它只有一个超函数 sigma，且能自动计算。

5.2 “树流感”在中国的爆发风险短期诊断

遥感技术在全球尺度下能获取长时间序列的植被信息监测数据。目前，物种潜在入侵预测模型大部分基于气象数据、地理数据，对引入遥感数据的研究较少；同时，栎树猝死病菌已演化至四种谱系，欧洲地区 EU2 谱系于最近两年才大规模爆发，所有谱系爆发点个数及位置的更新将直接影响风险预测建模，集合所有谱系爆发数据进行风险预测建模这部分工作还未见报道；另外，研究者往往只关注区域尺度上栎树猝死病菌的潜在适生情况，研究区限定在加利福尼亚洲、美国或者英国等，然而这些地区都属于栎树猝死病菌的入侵地，在全球尺度下进行风险预测建模能更为全面地研究病菌的风险分布情况。

在全球尺度下对 SOD 的潜在入侵风险进行预测的研究只有 Kluza 等，他们基于 NDVI

和 GARP 模型预测得到 SOD 在全球的潜在入侵风险(Kluza *et al.*, 2007)。然而，Kluza 等使用的 NDVI 数据只到 2000 年，数据存在滞后性，且选取的 SOD 存在点数据只在美国地区，仅代表 NA 谱系在全球的预测结果，并未考虑 EU 谱系。SOD 于 2007 年后在美国及英国都发生了较大规模的爆发。本章综合考虑栎树猝死病菌的 NA 及 EU 谱系，通过比对只利用全球生物气候变量建模及利用全球生物气候变量与 LAI 数据建模，对比分析 LAI 的引入将对预测结果造成怎样的影响。

5.2.1 风险等级划分

通过模型计算可以获取全球栎树猝死病菌的入侵风险概率图(probability map)，由一个阈值将概率值划分为有风险与无风险的区域，即将概率图转换为二值图(binary map)。通过在有风险区域内进行分级区划，便可对栎树猝死病菌的入侵风险进行不同警级的预警。

选取最优阈值(optimal threshold)作为切割点(cut-off point)，将模型预测的概率转换为 0-1 值，获取存在点及伪不存在点对应提取的概率值以及混淆矩阵(confusion matrix)，见表 5-2。a 代表已知分布点被正确地分为存在点(true positive or presence)，对应 b 代表被错分为存在点(false positive or presence)，c 代表已知分布点被错分为不存在点(false negative or absence)，d 代表被正确地分为不存在点(true negative or absence)。

表 5-2 混淆矩阵

		真实	
		Presence	Absence
预测	Presence	a	b
	Absence	c	d

目前，最优阈值选择判定指标有十余种(Liu *et al.*, 2005; Jiménez *et al.*, 2007)，Freeman 在 *R* 语言 PresenceAbsence 包中集成了十二种选取最优阈值的条件：Default、Sens+Spec、MaxSens+Spec、MaxKappa、MaxPCC、PredPrev+Obs、ObsPrev、MeanProb、MinROCdist、ReqSens、ReqSpec、Cost(Freeman *et al.*, 2008)。设定一个阈值范围及间隔大小，通过迭代计算，满足上述条件即选为最优阈值。通过最优阈值，一是可通过最优阈值对模型预测结果进行分割，分为无风险区与有风险区；二是在获取最优阈值时，可得到相应模型的评价指标。

本章选取了 MaxSens+Spec(最大化敏感度与特异度之和)作为最优阈值的选择标准，其对流行率的变化不敏感(Liu *et al.*, 2005, 2013; Allouche *et al.*, 2006)。通过最优阈值将预测概率结果划分为无风险区与有风险区，通过咨询专家及参考有关文献(Kelly *et al.*,

2007；Kluza *et al.*，2007），对有风险区的值采取等间距分割，这里选取四类：0～25%、25%～50%、50%～75%及75%～100%，将风险区划分为对应四类警级：低风险、中等风险、较高风险及高风险。对四种模型，计算得到了只用生物气候变量预测与生物气候变量加LAI预测的中国SOD入侵风险结果，如图5-1，各种预测结果的最优阈值见表5-3。特别注意的是，对比四种生态位模型，Bio与Bio+LAI最优阈值大小选取是基于两套数据，不能将之混淆。

表5-3　各预测模型的最优阈值

	MaxEnt		GARP		GLM		SVM	
	Bio	Bio+LAI	Bio	Bio+LAI	Bio	Bio+LAI	Bio	Bio+LAI
最优阈值	0. 170	0. 165	0. 355	0. 370	0. 480	0. 355	0. 444	0. 390

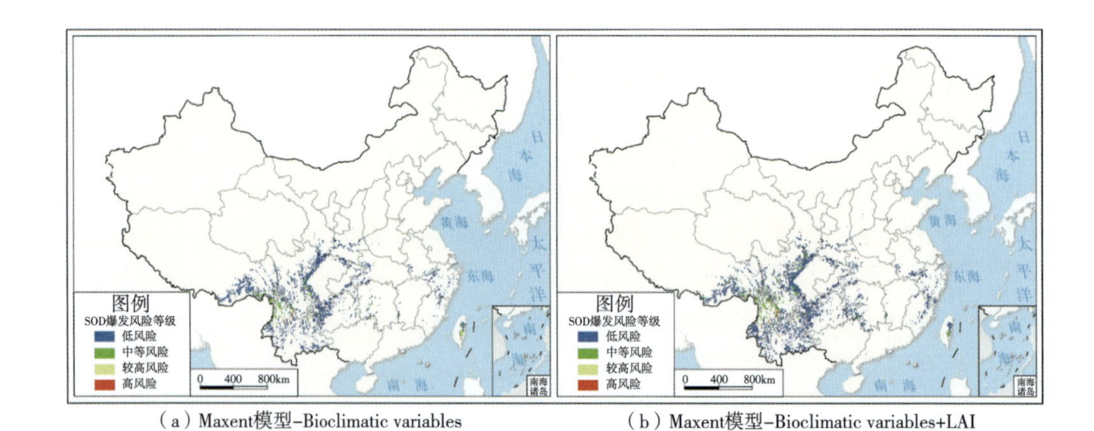

（a）Maxent模型-Bioclimatic variables

（b）Maxent模型-Bioclimatic variables+LAI

（c）GARP模型-Bioclimatic variables

（d）GARP模型-Bioclimatic variables+LAI

图5-1　“树流感”在中国的潜在入侵风险预测结果图

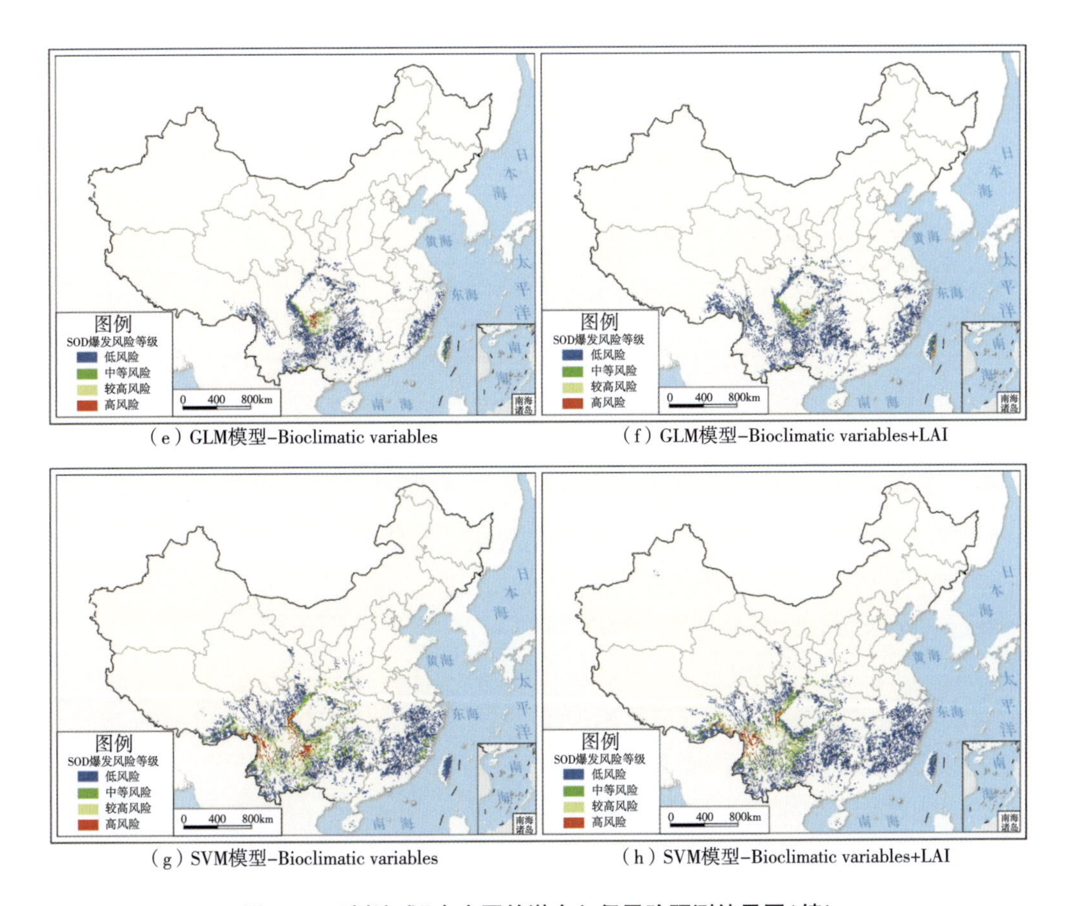

(e) GLM模型-Bioclimatic variables　　(f) GLM模型-Bioclimatic variables+LAI

(g) SVM模型-Bioclimatic variables　　(h) SVM模型-Bioclimatic variables+LAI

图 5-1 “树流感”在中国的潜在入侵风险预测结果图(续)

5.2.2 模型预测精度评价

模型预测结果评价指标根据与阈值相关关系，分为阈值相关(threshold-dependent)和阈值无关(threshold-independent)两类。阈值相关的评价模型的指标包含总体成功率(Overall prediction success，OPS)、灵敏度(Sensitivity)、特异度(Specificity)、Kappa 系数、真实技巧统计(True Skill Statistic，TSS)等，计算公式见表 5-4，其中 n 为所有数据之和。

表 5-4 模型精度评价指标

评价指标	公式
总体成功率 OPS	$(a+d)/n$
灵敏度 Sensitivity	$a/(a+c)$
特异度 Specificity	$d/(b+d)$
Kappa 系数	$\frac{[(a+d)-[(a+c)(a+b)+(b+d)(c+d)]/n}{n-[(a+c)(a+b)+(b+d)(c+d)/n]}$
真实技巧统计 TSS	Sensitivity+ Specificity-1

总体成功率表示正确分类率，灵敏度表示实际存在预测为存在的比值，特异度表示实际不存在预测为不存在的比值。Kappa 系数表示经过随机校正后模型的预测准确度，其值为-1 到 1，代表预测结果与观测结果的匹配程度，值越大表明匹配程度越好。真实技巧统计其值也为-1 到 1，值越大表示模型预测能力越好，与 Kappa 系数不同的是，TSS 不受流行率影响，并保留了 Kappa 系数的优点。

另一类评价指标与阈值无关，ROC 曲线是受试者工作特征曲线(Receiver Operating Characteristic Curve)的缩写，起源于统计决策理论，用来说明分类器命中率和误报率之间的关系(Goodenough *et al.*，1974)。ROC 曲线把预测结果的每一个值作为可能的判断界值，由此计算得到相应的灵敏度和特异度，是以灵敏度为纵坐标，1-特异度为横坐标形成的曲线。ROC 曲线与横坐标围成的面积即为 AUC 值(the Area Under the ROC Curve)，AUC 因不受阈值的影响，是目前最为常用的模型评价指标之一。AUC 值越大意味着与随机分布间距越大，环境变量与预测的物种分布模型之间的相关性越大，即说明模型预测结果越好。一般认为 AUC 值为 0.5~0.6 时诊断失败，0.7~0.8 时诊断价值一般，0.8~0.9 时诊断价值较好，大于 0.9 时诊断价值优秀(Swets，1988)。

所得各评价指标计算结果见表 5-5，由于此处采用的流行率为 50%，即 $a+c=b+d$，代入 Kappa 系数与 TSS 的表达式中，其值是相等的。八个模型当中，SVM_Bio+LAI 模型的 OPS、TSS 及 AUC 值最好，即其受阈值影响及不受阈值影响的评价指标都为最优，而 GLM 的两个模型评价指标值最低。同时，对受阈值影响的评价指标，LAI 的引入都提升了各模型的预测精度；对不受阈值影响的 AUC 值，LAI 的引入影响不大。因此，有时仅仅依靠 AUC 值不能片面地认为模型预测精度就较高，应当全面考虑多评价指标。属于 PO 模型的 MaxEnt 和 GARP 模型预测精度虽稍差于属于 PA 模型的 SVM 模型，但是同属于 PA 模型的 GLM 模型预测精度却最低，这说明在模型选取时，不能简单地使用某一种模型(PO/PA)，而应当进行多个模型对比，这与前人的研究也一致，并无哪种模型是最适合预测或最优模型的定论。

表 5-5 模型精度评价结果

模型	最优阈值	评价指标					
		OPS	Sensitivity	Specificity	Kappa	TSS	AUC
MaxEnt-Bio	0.170	0.921	0.944	0.898	0.842	0.842	0.962
MaxEnt-Bio+LAI	0.165	0.951	0.949	0.954	0.903	0.903	0.982
GARP-Bio	0.355	0.951	0.940	0.963	0.903	0.903	0.985
GARP-Bio+LAI	0.370	0.958	0.963	0.954	0.917	0.917	0.983
GLM-Bio	0.480	0.900	0.926	0.875	0.801	0.801	0.958
GLM-Bio+LAI	0.355	0.907	0.926	0.889	0.815	0.815	0.960
SVM-Bio	0.444	0.977	0.972	0.981	0.953	0.953	0.993
SVM-Bio+LAI	0.390	0.980	0.977	0.981	0.958	0.958	0.993

同时结合前人研究进行模型预测结果评价。邵立娜等(2008)利用 CLIMEX 模型对病菌在

中国的适生区进行预测，得出最适宜区域集中在中国的云南、贵州、四川等地。栎树猝死病菌还未在我国大陆发现，现未有科学家着手在中国大陆去诊断该病菌是否存在，但是已经有学者提出该病菌起源于喜马拉雅山脉，并在尼泊尔及我国台湾的远古森林内发现该病菌。Brasier(2004；2005)、Kluza(2007)等人都指出中国云南省及福建省可能是栎树猝死病菌的起源地，因为这些地区的气候与美国加利福尼亚洲地区的非常相似，且云南省及福建省存在大量寄主；Vettraino(2011)在喜马拉雅山脉尼泊尔西北部的远古森林内发现了栎树猝死病病菌；Brasier(2010)在台湾省东北部的马告生态公园(Ma-kau Ecological Park)中的黄杉上也发现该病菌。通过以上的前人研究，将SVM_Bio+LAI预测结果放大至包含喜马拉雅山脉，可以发现：SVM_Bio+LAI预测到沿喜马拉雅山脉至中国云南、贵州、四川三省均存在高风险区，在尼泊尔西北部也预测得到高风险区；同时，在中国福建省及台湾省均预测到低风险及中等风险。这些地区是不是病菌的发源地，本章不能妄下结论，但是该研究成果应引起各方关注。重点在我国与喜马拉雅山脉接壤地区以及福建省、台湾省，做好入境检疫工作，对当地潜在寄主出现枝叶枯死等症状进行及时检验排查，时刻警惕病菌入侵。

对比邵立娜等(2008)基于CLIMEX模型预测的结果，我们与之预测结果大部分相同，但也存在一些差异，如江苏、广西、江西、广东等地。从图5-2可看到，模型预测出江苏省存在一定的适生性，然而江苏省内潜在寄主几乎没有，故江苏无爆发风险。邵立娜等(2008)与我们利用模型不同；她们只研究了NA谱系，未研究EU谱系，爆发点不是最新；我们引入LAI产品，通过精度验证，能提供预测精度。基于以上几点，后续建议使用最

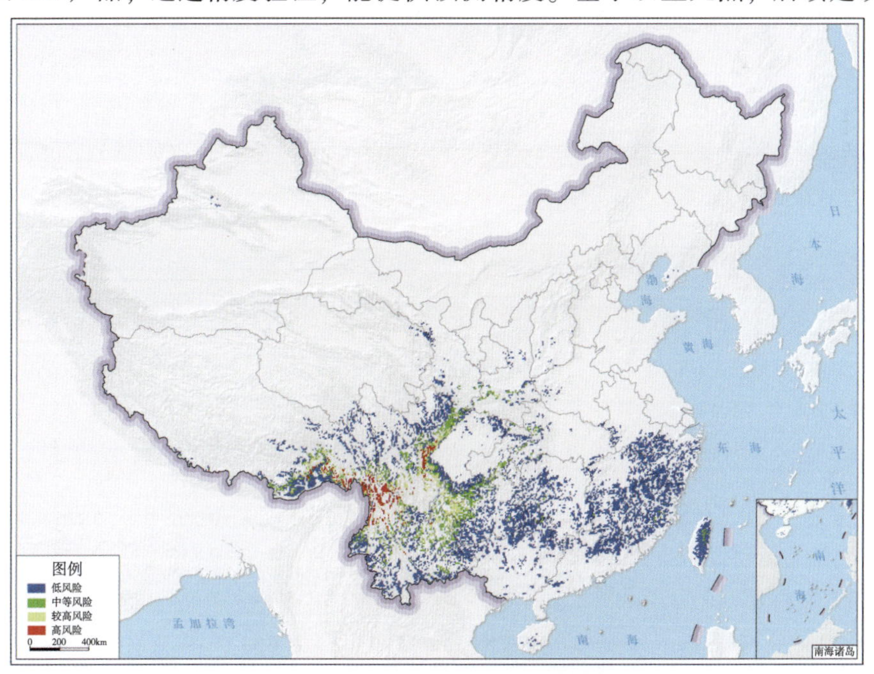

图5-2 SVM_Bio+LAI预测结果图

新、全面的爆发点数据，再利用 CLIMEX 模型预测，进行结果对比。

5.2.3 风险等级地理分区统计

SVM 模型预测精度最高，这里只对 SVM 预测得到的中国各省市的 SOD 潜在入侵风险等级的面积进行统计(表 5-6)，其他模型预测得到的地理分区统计结果见表 5-7 至表 5-9。由表 5-6 可知，两套数据预测得到的各等级风险区面积中，SVM_Bio+LAI 预测得到的高风险区面积比 SVM_Bio 的较高，而前者得到的其他三个风险等级的面积比后者的低。SVM_Bio+LAI 预测到云南、四川、西藏存在高风险，云南、贵州、四川、重庆、湖北、西藏、陕西等地存在较高风险；SVM_Bio 预测到云南、重庆、四川、贵州、西藏存在高风险，云南、贵州、四川、重庆、湖北、西藏、陕西、甘肃、湖南、江西、福建、广西等地存在较高风险。

表 5-6 基于 SVM 模型预测的地理分区统计结果

行政区/面积	低风险		中等风险		较高风险		高风险	
(万 km^2)	bio	bio+LAI	bio	bio+LAI	bio	bio+LAI	bio	bio+LAI
甘肃省	0.33	0.41	0.32	0.30	0.02	0	0	0
陕西省	0.43	0.65	0.60	0.47	0.25	0.07	0	0
西藏自治区	2.38	2.59	1.84	1.76	1.04	1.53	0.24	0.85
河南省	0.09	0.03	0	0	0	0	0	0
安徽省	1.18	0.01	0	0	0	0	0	0
四川省	5.27	5.57	3.09	3.60	2.01	2.46	0.75	0.67
湖北省	0.56	0.71	0.60	0.36	0.32	0.02	0	0
重庆市	0.62	0.99	0.75	0.41	0.28	0.05	0.04	0
浙江省	2.94	0.15	0.01	0	0	0	0	0
湖南省	3.76	3.27	1.77	0.15	0.15	0	0	0
江西省	3.33	0.21	0.12	0.03	0.01	0	0	0
云南省	3.97	5.13	4.33	4.26	4.53	2.25	1.71	2.01
贵州省	3.07	5.34	3.70	1.91	1.29	0.80	0.71	0
福建省	3.57	2.70	1.31	0.10	0.03	0	0	0
广西壮族自治区	1.78	0.88	0.35	0.07	0.06	0	0	0
广东省	0.81	0.21	0.05	0	0	0	0	0
台湾省	0.59	0.94	0	0.17	0	0	0	0
总计	34.69	29.79	18.85	13.59	9.97	7.17	3.45	3.52

表 5-7 基于 Maxent 模型预测的风险等级面积地理统计

行政区/面积（万 km^2）	低风险		中等风险		较高风险	
	bio	bio+LAI	bio	bio+LAI	bio	bio+LAI
甘肃省	0. 17	0. 34	0	0. 01	0	0
陕西省	0. 25	0. 25	0	0. 01	0	0
宁夏回族自治区	0. 01	0	0	0	0	0
西藏自治区	3. 21	4. 44	0. 03	0. 03	0	0
安徽省	0	0. 10	0	0	0	0
四川省	4. 22	7. 19	0. 19	0. 15	0	0
湖北省	0. 27	0. 33	0	0	0	0
重庆市	0. 21	0. 32	0. 01	0. 01	0	0
浙江省	0. 01	0. 06	0	0	0	0
湖南省	0. 27	0. 57	0. 04	0. 05	0	0
江西省	0. 02	0. 04	0. 03	0	0	0
云南省	5. 56	5. 52	1. 02	1. 30	0	0. 17
贵州省	1. 89	1. 87	0. 08	0	0	0
福建省	0. 09	0. 12	0	0	0	0
广西壮族自治区	0. 15	0. 16	0. 04	0. 04	0	0
广东省	0. 01	0. 01	0	0	0	0
台湾省	0. 45	0. 52	0. 20	0. 12	0	0
总计	16. 77	21. 84	1. 63	1. 71	0	0. 17

表 5-8 基于 GARP 模型预测的风险等级面积地理统计

行政区/面积（万 km^2）	低风险		中等风险		较高风险		高风险	
	bio	bio+LAI	bio	bio+LAI	bio	bio+LAI	bio	bio+LAI
甘肃省	0. 16	0. 23	0	0. 16	0	0. 09	0	0
陕西省	0. 45	0. 26	0. 06	0. 30	0. 01	0. 21	0	0. 05
西藏自治区	4. 50	2. 70	1. 18	0. 82	1. 02	0. 69	0. 12	0. 41
安徽省	0. 96	0. 62	0. 09	0. 33	0	0. 04	0	0
四川省	5. 68	3. 62	3. 05	2. 18	0. 93	1. 24	0. 07	0. 33
湖北省	0. 45	0. 42	0. 42	0. 23	0. 08	0. 09	0	0. 03
重庆市	0. 83	0. 31	0. 33	0. 15	0. 08	0. 03	0	0
浙江省	2. 39	2. 13	0. 43	0. 32	0. 02	0. 02	0	0
湖南省	3. 57	1. 43	0. 80	0. 31	0. 13	0. 08	0	0
江西省	3. 36	1. 52	0. 26	0. 15	0. 03	0. 03	0	0

（续）

行政区/面积（万 km²）	低风险		中等风险		较高风险		高风险	
	bio	bio+LAI	bio	bio+LAI	bio	bio+LAI	bio	bio+LAI
云南省	7.19	2.79	3.70	0.89	1.38	0.74	0.36	0.41
贵州省	5.70	0.61	1.91	0.13	0.16	0.05	0	0
福建省	3.25	3.44	2.59	0.62	0.49	0.09	0.01	0.02
广西壮族自治区	1.64	0.57	0.45	0.13	0.09	0.05	0	0
广东省	2.20	0.57	0.13	0.08	0.02	0.02	0	0
台湾省	0.52	0.38	0.43	0.27	0.40	0.30	0.49	0.46
总计	42.87	21.59	15.82	7.06	4.84	3.76	1.05	1.71

表 5-9　基于 GLM 模型预测的风险等级面积地理统计

行政区/面积（万 km²）	低风险		中等风险		较高风险		高风险	
	bio	bio+LAI	bio	bio+LAI	bio	bio+LAI	bio	bio+LAI
甘肃省	0	0.21	0	0.03	0	0	0	0
陕西省	0.05	0.60	0	0.21	0	0	0	0
西藏自治区	0.15	0.84	0	0.03	0	0	0	0
四川省	2.52	2.90	0.87	1.95	0.67	0.75	0	0.04
湖北省	0.45	0.86	0	0	0	0	0	0
重庆市	1.24	0.71	0.39	0.38	0.02	0.03	0	0.03
浙江省	0.02	0.01	0	0	0	0	0	0
湖南省	0.05	0.06	0	0	0	0	0	0
云南省	1.67	1.87	0.47	1.00	0.13	0.21	0	0
贵州省	4.10	3.15	1.75	0.85	0.44	0.19	0	0.15
福建省	1.39	1.35	0.25	0.21	0.01	0.05	0	0
广西壮族自治区	0.65	0.51	0.02	0.01	0	0	0	0
台湾省	0.97	0.98	0.54	0.45	0.13	0.23	0	0.15
总计	13.25	14.06	4.29	5.12	1.39	1.46	0	0.38

5.3　“树流感”在中国的爆发风险中长期诊断

根据 5.2 节的模型对比结果，本节选取精度最佳的 SVM 模型来预测栎树猝死病菌在气候变化情景下的潜在入侵风险，对中国栎树猝死病入侵风险进行中长期预测预警研究。存在点及伪不存在点都与前面保持一致，最佳阈值选取及模型评价指标均不变。但是，只能获取得到未来气候情景下的气象数据，而无法获取未来的植被长势情况，因此，本节预测将只基于气象数据。

5.3.1 风险等级划分

同样选取 MaxSens+Spec 作为最优阈值的选择标准，通过最优阈值将预测概率结果划分为无风险区与有风险区，对有风险区分为 4 类：0～25%、25%～50%、50%～75%及 75%～100%，对应于低风险、中等风险、较高风险及高风险 4 类警级。表 5-10 为未来气候 4 种情景下 2050 年、2070 年预测结果对应的最优阈值。图 5-3 为未来气候情景下中国 SOD 潜在入侵风险预测结果图。

表 5-10　未来气候情景下的最优阈值

	RCP2. 6		RCP4. 5		RCP6. 0		RCP8. 5	
年份	2050	2070	2050	2070	2050	2070	2050	2070
最优阈值	0. 445	0. 600	0. 460	0. 272	0. 305	0. 425	0. 486	0. 495

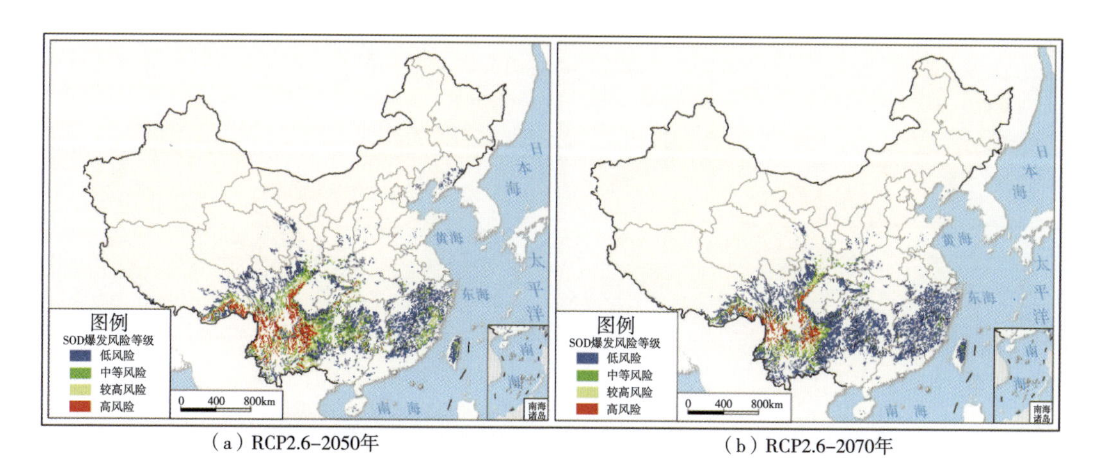

（a）RCP2.6-2050年　　（b）RCP2.6-2070年

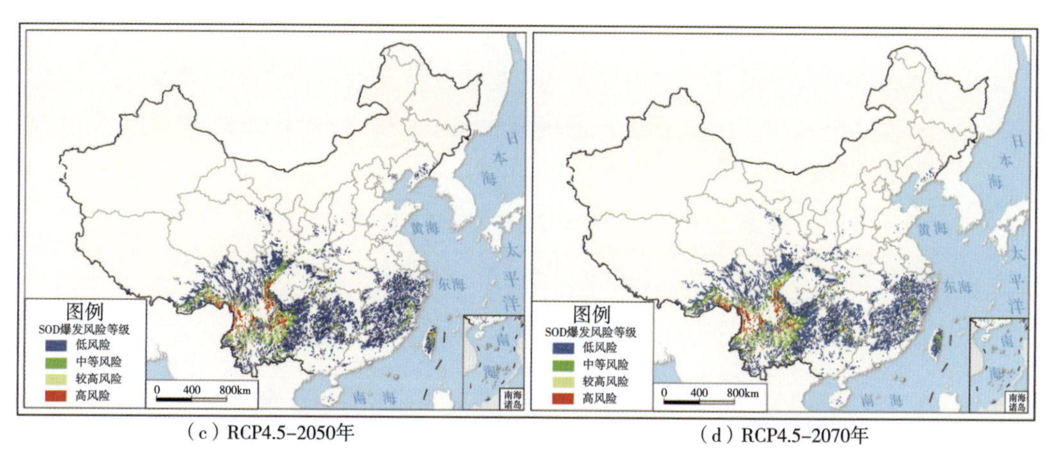

（c）RCP4.5-2050年　　（d）RCP4.5-2070年

图 5-3　未来气候情景下中国 SOD 潜在入侵风险预测结果图

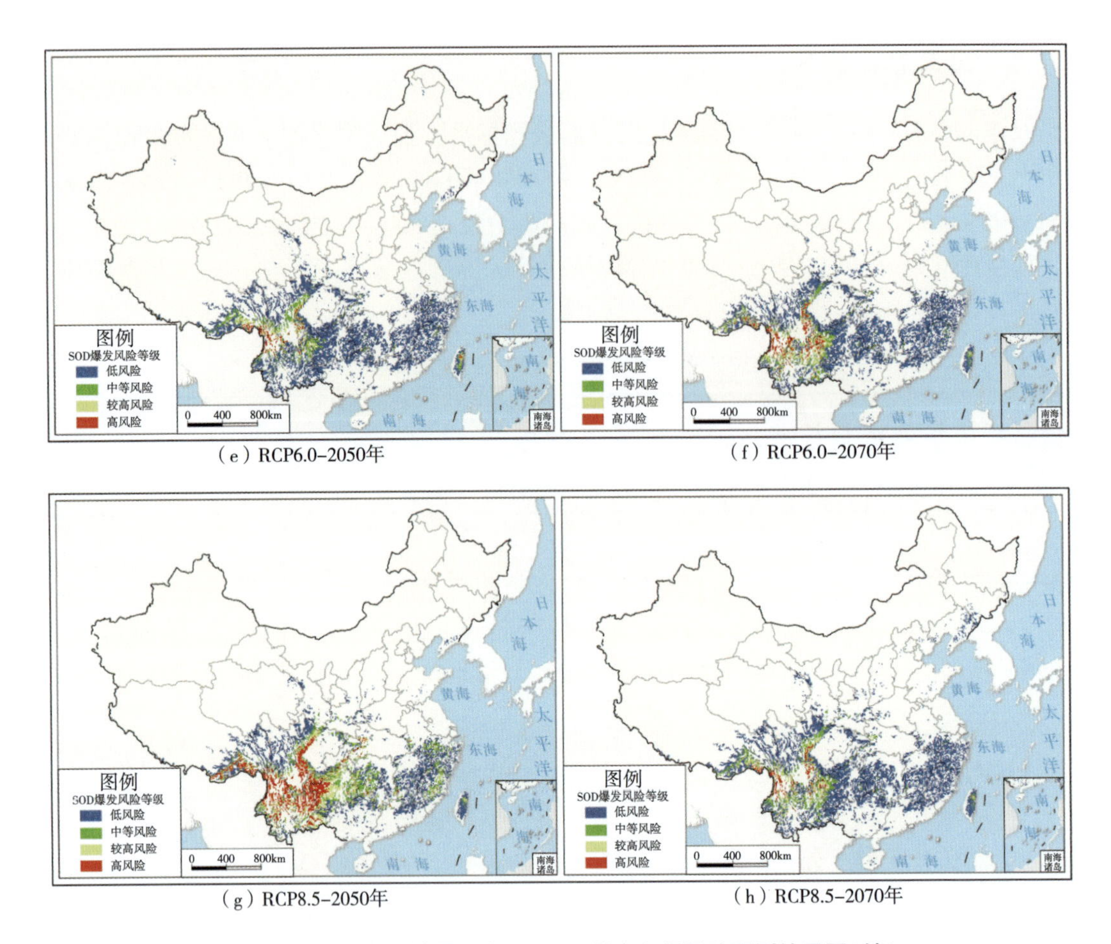

（e）RCP6.0-2050年　　（f）RCP6.0-2070年

（g）RCP8.5-2050年　　（h）RCP8.5-2070年

图 5-3　未来气候情景下中国 SOD 潜在入侵风险预测结果图(续)

5.3.2　模型预测精度评价

未来气候条件下，2050 年、2070 年不同气候变化情景的评价结果如表 5-11，可知各情景下的 TSS 及 AUC 值都较高，模型预测稳定性较好。其中 SVM-2650 缩写代表 2050 年 RCP2.6 情景下 SVM 预测结果，其他缩写含义相同。

表 5-11　未来气候情景下模型精度评价结果

模型	最优阈值	评价指标					
		OPS	Sensitivity	Specificity	Kappa	TSS	AUC
SVM-2650	0.445	0.961	0.972	0.949	0.921	0.921	0.984
SVM-2670	0.600	0.984	0.991	0.977	0.968	0.968	0.996
SVM-4550	0.460	0.974	0.991	0.958	0.949	0.949	0.993

（续）

模型	最优阈值	评价指标					
		OPS	Sensitivity	Specificity	Kappa	TSS	AUC
SVM-4570	0.272	0.961	0.981	0.940	0.921	0.921	0.988
SVM-6050	0.305	0.965	0.991	0.940	0.931	0.931	0.987
SVM-6070	0.425	0.979	0.981	0.977	0.958	0.958	0.992
SVM-8550	0.486	0.970	0.991	0.949	0.940	0.940	0.992
SVM-8570	0.495	0.975	0.981	0.968	0.949	0.949	0.988

5.3.3 风险等级地理分区统计

在目前条件及未来气候情景下，SVM 预测得到的中国 SOD 入侵风险各警级对应的面积见图 5-4。在 2050 年 RCP2.6 情景下，中国 SOD 入侵风险各警级面积都较大，说明在该情景下，中国地区环境非常适宜病菌的生长、繁殖；而在 2070 年 RCP2.6 情景下，时间推进 20 年后，各警级面积都大幅降低，与目前条件下情况类似，证明虽然气候情景适宜，但是在 2070 年中国地区环境已不如 2050 年般适宜病菌。在 2070 年 RCP4.5 情景下，相比 2050 年 RCP4.5 情景，病菌在中国的高、较高风险区面积增加，而中等、低风险区面积减少。在 2070 年 RCP6.0 情景下，相比 2050 年 RCP6.0 情景，变化最为明显的警级面积为较高风险区，呈增长趋势。在 RCP8.5 情景下，2050 年各警级面积相比目前的大，高、较高风险区面积为各情景下最大值，在 2070 年时，各警级面积大幅下降，说明在该情景下持续 20 年后，病菌适应环境能力下降，适生区在减少。

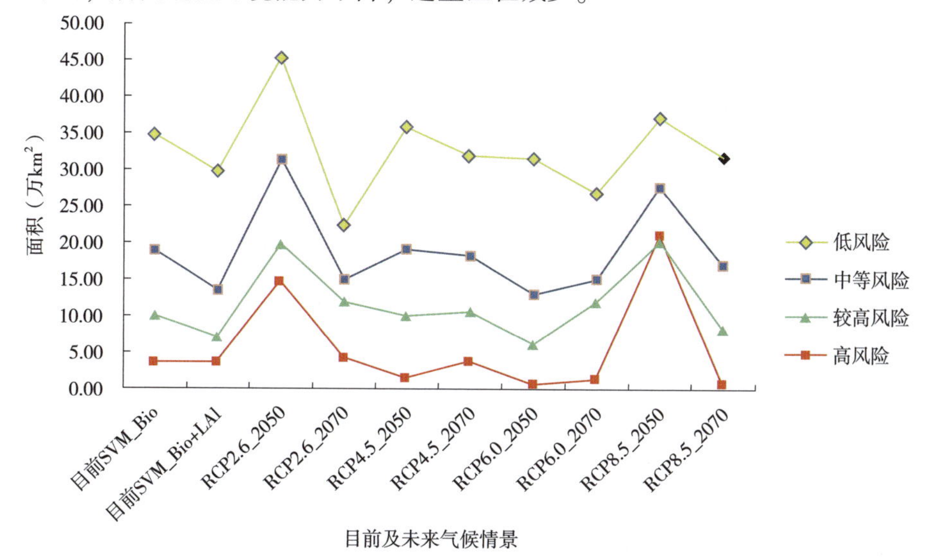

图 5-4 未来气候情景下中国 SOD 潜在入侵风险各警级的面积图

通过对比各气候变化情景，RCP2.6 及 RCP8.5 情景都比较极端，可能在未来气候下不一定会出现。但是一旦出现这两种情景，中国地区适宜栎树猝死病菌生长的区域面积范围都非常大，将对我国森林生态系统造成严重威胁。在 RCP4.5 及 RCP6.0 情景下，各警级面积和目前大小相似，仍需像目前一样防止病菌入侵。

表 5-12　RCP2.6 下风险等级面积地理统计

行政区/面积（万 km^2）	低风险		中等风险		较高风险		高风险	
	2650	2670	2650	2670	2650	2670	2650	2670
甘肃省	0.68	0.23	0.58	0.57	0.07	0.22	0	0
陕西省	0.81	0.68	0.47	0.68	0.14	0.04	0.01	0
西藏自治区	3.47	2.03	2.31	2.06	2.70	2.29	2.22	0.43
河南省	0.12	0.09	0	0	0	0	0	0
安徽省	1.95	0.28	0.47	0.01	0.03	0	0	0
四川省	6.51	4.10	5.66	2.81	3.54	2.89	2.22	0.43
湖北省	0.75	0.69	0.58	0.46	0.57	0.12	0.18	0
重庆市	1.20	0.67	0.84	0.23	0.36	0.07	0.09	0
浙江省	3.81	0.67	1.26	0.13	0.27	0.01	0	0
湖南省	5.89	1.37	3.12	0.39	0.69	0.04	0.08	0.01
江西省	5.41	0.22	0.57	0.02	0.04	0.03	0.03	0
云南省	3.05	4.53	4.29	5.49	7.05	5.17	7.32	2.25
贵州省	2.27	4.75	6.52	1.42	2.74	0.98	1.68	0.58
福建省	3.69	1.20	2.32	0.45	0.92	0.01	0.01	0
广西壮族自治区	2.69	0.45	1.32	0.14	0.45	0.06	0.09	0.01
广东省	2.33	0.09	0.43	0.03	0.08	0.01	0.01	0
台湾省	0.67	0.45	0.39	0.18	0.23	0	0	0
总计	45.28	22.50	31.12	15.06	19.86	11.93	14.82	4.34

表 5-13　RCP4.5 下风险等级面积地理统计

行政区/面积（万 km^2）	低风险		中等风险		较高风险		高风险	
	4550	4570	4550	4570	4550	4570	4550	4570
甘肃省	0.72	0.51	0.27	0	0	0	0	0
陕西省	0.75	0.41	0.40	0.07	0.05	0.01	0	0
西藏自治区	3.07	2.35	2.88	2.60	1.48	1.83	0.15	0.53
河南省	0.03	0	0	0	0	0	0	0

（续）

行政区/面积（万 km²）	低风险		中等风险		较高风险		高风险	
	4550	4570	4550	4570	4550	4570	4550	4570
安徽省	0.77	1.11	0.03	0.12	0	0	0	0
四川省	5.20	5.13	2.97	3.14	2.11	2.08	0.49	0.96
湖北省	0.74	0.61	0.46	0.45	0.15	0.21	0.01	0.03
重庆市	0.90	0.59	0.32	0.30	0.09	0.09	0	0.01
浙江省	1.78	1.71	0.37	0.51	0.02	0.05	0	0
湖南省	2.92	3.55	0.50	0.93	0.06	0.33	0	0.04
江西省	0.77	1.21	0.07	0.18	0.03	0.02	0	0.03
云南省	6.02	4.78	7.12	6.18	4.53	4.27	0.85	2.02
贵州省	6.67	5.79	1.99	2.15	1.15	1.15	0.04	0.14
福建省	3.17	2.52	1.06	0.78	0.03	0.31	0	0
广西壮族自治区	1.07	0.87	0.19	0.32	0.07	0.15	0	0.05
广东省	0.51	0.34	0.04	0.08	0.01	0.03	0	0
台湾省	0.64	0.56	0.47	0.41	0.28	0.08	0	0
总计	35.73	32.04	19.15	18.22	10.05	10.60	1.54	3.81

表 5-14　RCP 6.0 下风险等级面积地理统计

行政区/面积（万 km²）	低风险		中等风险		较高风险		高风险	
	6050	6070	6050	6070	6050	6070	6050	6070
甘肃省	0.63	0.63	0.03	0.04	0	0	0	0
陕西省	0.45	0.55	0.05	0.01	0	0	0	0
西藏自治区	5.07	2.31	2.76	2.17	1.27	1.52	0.09	0.09
安徽省	0.46	0.22	0.02	0.03	0	0	0	0
四川省	7.75	3.70	3.63	2.33	1.79	2.54	0.04	0.04
湖北省	0.68	0.87	0.21	0.31	0.04	0	0	0
重庆市	0.56	0.79	0.19	0.21	0.03	0.02	0	0
浙江省	0.97	0.70	0.09	0.05	0	0	0	0
湖南省	1.71	1.87	0.26	0.27	0.04	0.03	0	0
江西省	0.29	0.20	0.01	0.03	0.03	0.01	0	0

（续）

行政区/面积	低风险		中等风险		较高风险		高风险	
（万 km^2）	6050	6070	6050	6070	6050	6070	6050	6070
云南省	7.19	5.07	3.61	6.50	2.41	6.34	0.60	1.25
贵州省	3.40	6.45	1.26	1.97	0.29	1.44	0	0.03
福建省	1.23	1.78	0.15	0.38	0.01	0	0	0
广西壮族自治区	0.36	0.86	0.11	0.18	0.02	0.03	0	0
广东省	0.08	0.21	0.02	0.03	0	0	0	0
台湾省	0.77	0.63	0.58	0.50	0.28	0.09	0	0
总计	31.60	26.86	12.98	14.98	6.21	12.02	0.74	1.41

表 5-15　RCP8.5 下风险等级面积地理统计

行政区/面积	低风险		中等风险		较高风险		高风险	
（万 km^2）	8550	8570	8550	8570	8550	8570	8550	8570
甘肃省	0.39	0.86	0.55	0.15	0.09	0	0	0
陕西省	0.76	0.89	0.44	0.19	0.10	0	0.01	0
西藏自治区	2.26	3.27	1.51	2.95	1.71	1.25	2.58	0.04
河南省	0.07	0.06	0	0	0	0	0	0
安徽省	1.31	0.63	1.03	0.03	0.12	0.00	0.03	0
四川省	5.30	6.84	4.02	3.57	2.98	2.37	4.23	0.01
湖北省	0.65	0.88	0.49	0.31	0.65	0.03	0.32	0
重庆市	0.81	0.83	1.06	0.17	0.60	0	0.25	0
浙江省	3.41	1.15	2.04	0.05	0.22	0	0	0
湖南省	4.38	2.16	4.13	0.18	1.20	0.01	0.15	0
江西省	6.64	0.18	0.67	0.03	0.09	0	0.03	0
云南省	2.29	6.21	3.42	7.31	5.89	3.74	10.23	0.53
贵州省	0.90	5.82	4.28	1.61	5.13	0.85	3.13	0
福建省	4.05	0.71	2.15	0.01	0.68	0	0.01	0
广西壮族自治区	2.27	0.52	1.27	0.09	0.38	0.01	0.07	0
广东省	0.99	0.15	0.35	0.03	0.09	0	0.02	0
台湾省	0.62	0.69	0.33	0.34	0.11	0.09	0	0
总计	37.12	31.85	27.74	17.03	20.05	8.35	21.04	0.58

表 5-12 至表 5-15 给出了未来气候情景下的风险等级面积地理统计值，本节选取了其中最应关注的 7 个重点地区进行分析：西藏自治区、四川省、重庆市、云南省、贵州省、

福建省及台湾省。这7个地区中前五个邻近喜马拉雅山脉，特别是潜在寄主丰富的云南省；后两个中的台湾省已发现该病菌，福建省亦与台湾省相距较近，其潜在寄主丰富。剩余其它地区各警级面积很小。

各气候情景下的低风险地理分区面积如图5-5，在RCP2.6情景下，由2050年至2070年面积增加的只有云南、贵州，其它地区的低风险面积均减少；在RCP4.5情景下，由2050—2070年，所有地区的低风险面积均降低；在RCP6.0情景下，2050年，云南、四川、西藏三个地区的低风险面积为其在所有情景下的最高值，但到2070年均大幅减少，唯有贵州大幅增加；在RCP8.5情景下，由2050—2070年，云南、贵州、西藏、四川四省(自治区)的低风险面积在大量增加，而福建的低风险面积几乎消失。

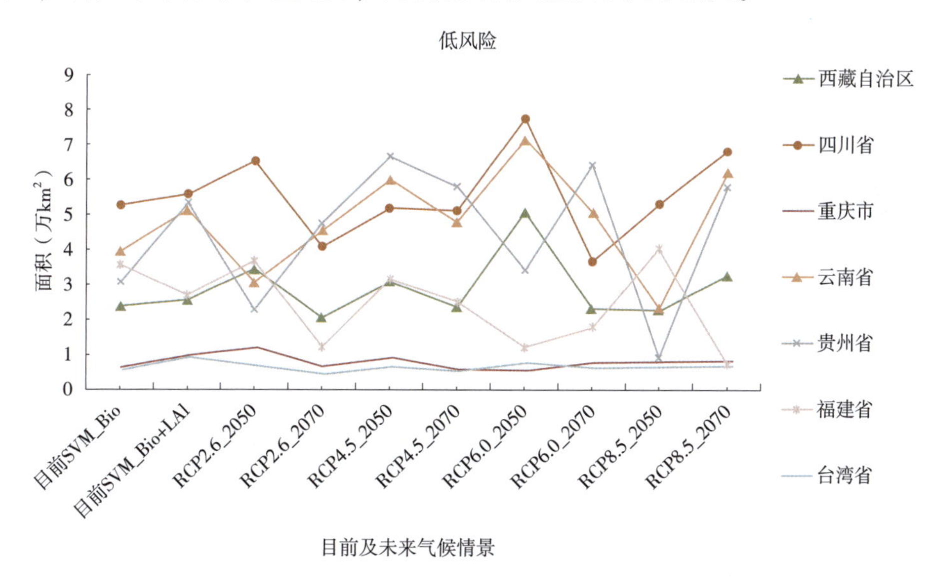

图5-5 各气候情景下的低风险区面积图

各气候情景下的中等风险地理分区面积如图5-6，在RCP2.6情景下，在2050年应警惕重庆、台湾地区，其中等风险面积比目前的高，由2050—2070年中等风险面积增加的只有云南，其他地区的面积均减少；在RCP4.5情景下，2050年云南的中等风险面积数值远大于其他地区，由2050—2070年，所有地区的面积改变量均不是特别大；在RCP6.0情景下，由2050—2070年，云南的中等风险面积增幅很大，贵州、台湾的风险面积增加少量；在RCP8.5情景下，由2050—2070年，云南的增幅最大，西藏的也在增加，而其他地区均在减少。

各气候情景下的较高风险地理分区面积如图5-7，在RCP2.6情景下，2050年云南的较高风险面积数值最大，远大于其他地区，由2050—2070年所有地区的中等风险面积均减少；在RCP4.5情景下，由2050—2070年，只有贵州地区的较高风险面积少量增加，其他地区的均在减少；在RCP6.0情景下，由2050—2070年，云南、贵州、西藏、四川四地

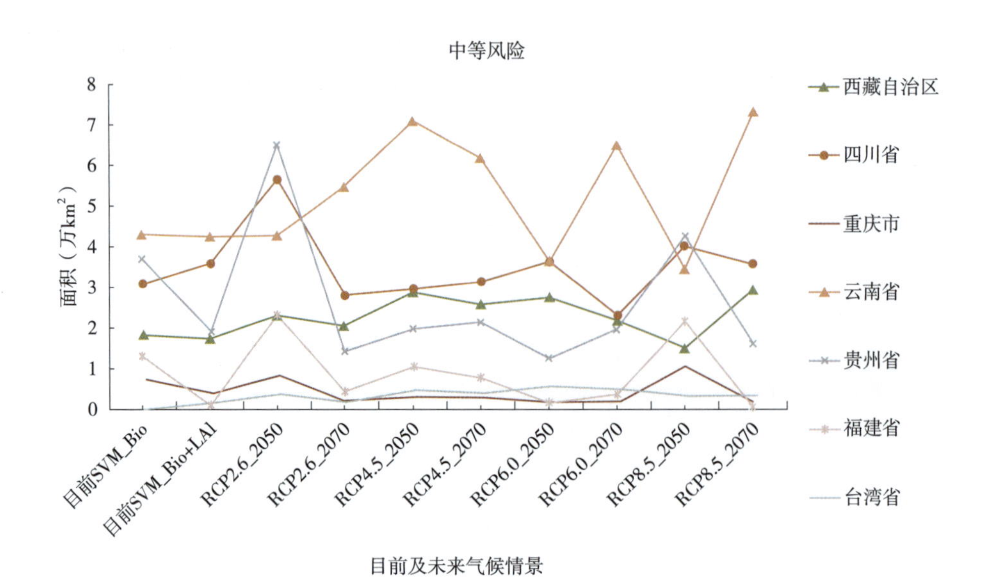

图 5-6　各气候情景下的中等风险区面积图

的较高风险面积都在增加，其中在 2070 年云南、贵州的较高风险面积增值较多；在 RCP8. 5 情景下，2050 年各地区的风险面积均处于较高值，由 2050—2070 年，所有地区的风险面积都在减少。

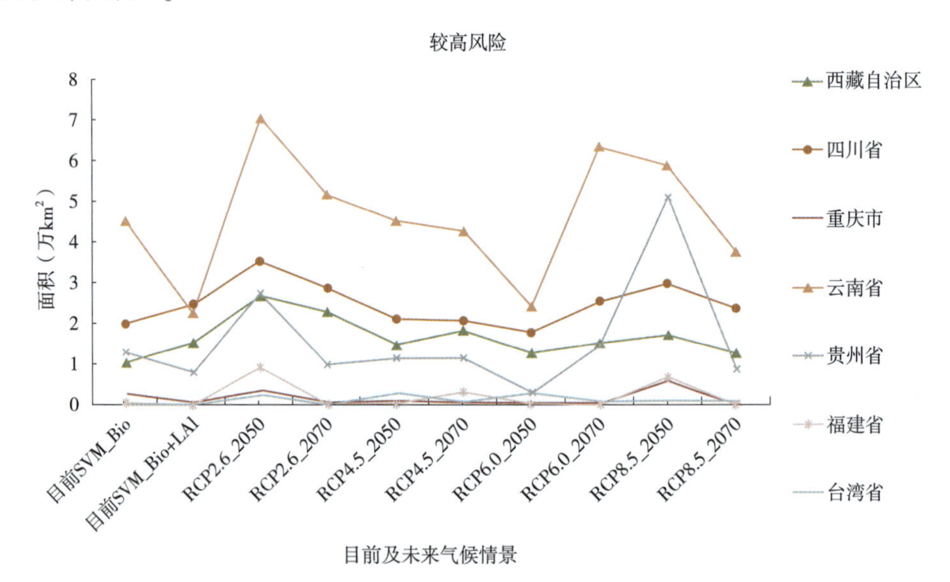

图 5-7　各气候情景下的较高风险区面积图

各气候情景下的高风险地理分区面积如图 5-8，在 RCP2. 6 情景下，2050 年云南的高风险面积数值比目前的大 3 倍多，其他地区的也较大，由 2050—2070 年所有地区的高风险面积均减少；在 RCP4. 5 情景下，由 2050—2070 年，所有地区的高风险面积均在增加；

在 RCP6.0 情景下，2050 年所有地区的高风险面积数量很小，由 2050—2070 年，仅云南的高风险面积都在增加；在 RCP8.5 情景下，2050 年各地区的风险面积均处于最高值，由 2050—2070 年，所有地区的风险面积的降幅也是最大的，到 2070 年，所有地区的高风险面积几乎为零。

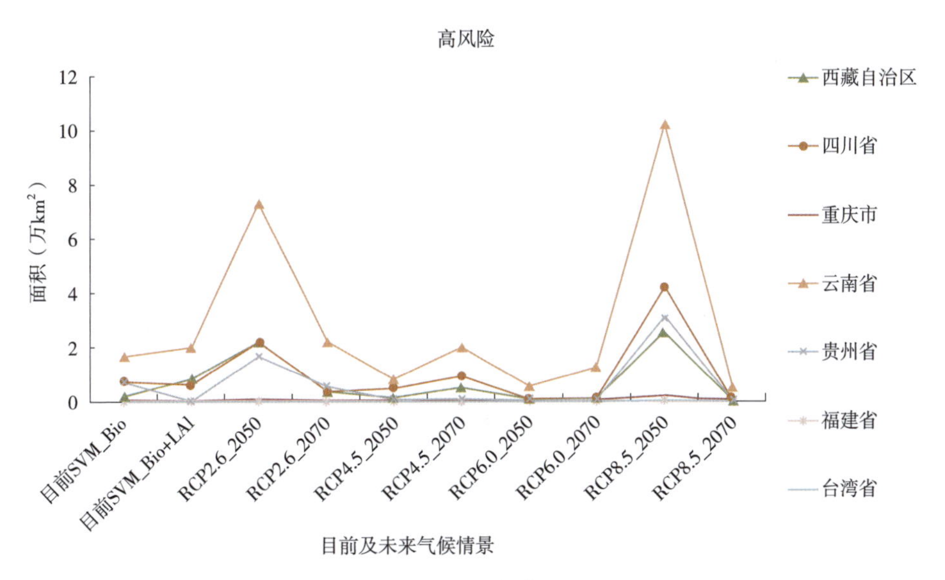

图 5-8 各气候情景下的高风险区面积图

5.4 有害生物风险评估定量分析预测预警

有害生物风险评估是估计某一有害生物进入一个国家定殖并造成经济损失的概率，包括物种适生性、扩散性及其危害影响三方面(李蔚民，2003；徐汝梅，2004)。美国科学管理创始人弗雷得里克·泰勒曾指出，如果不能度量风险大小，也就不能进行管理。近年来，欧盟、澳大利亚、加拿大利用已建立的评价风险因素的指标体系，按照一定的规则对各风险因子进行定量评估并最终获得具体风险值。我国的有害生物风险分析起步较早，但研究还是以定性评估为主，在定量评估方面主要集中在物种的适生性分析。定量风险评估代表着未来风险评估的发展方向，特别是随着对各种有害生物发生规律的更深入的认识，定量风险评估将会占据越来越重要的位置。本节将介绍“树流感”风险评估指标体系的构建以及评判标准的定量化，最终计算“树流感”在中国传播和定殖的风险值。

5.4.1 有害生物风险评估指标体系

指标体系是指被评价系统的结构框架，通过建立有害生物风险评估指标体系可以对外来生物各种特性、环境因素和人为因素等指标进行分析，进而评估外来生物对本地人类健康、经济活动、社会活动和生态环境等产生的综合影响(徐海根等，2004)。指标体系的建立必须遵循以下几个原则：科学性、重要性、系统性、实用性以及灵活性(蒋青，1994b；王雅男，2007)。我国从20世纪80年代就开始了有害生物风险评估体系相关研究工作，通过不断的探索和研究，制定了符合我国国情的有害生物分析方法(尹鸿刚，2009)。有害生物风险评估主要包括物种的适生性、扩散性以及危害影响几个方面。蒋青、范京安分别以国内有否分布、潜在的危害性、受害作物的经济重要性、移殖的可能性、危险性的降低这5个方面为一级指标建立了外来有害生物危险性评价指标体系(蒋青，1994b；范京安，1997)。国际植物保护措施标准(International Standards for Phytosanitary Measures，ISPM)认为有害生物风险评估可包括有害生物分类、传入和扩散可能性评估以及潜在经济影响评估。

基于蒋青建立的外来有害生物危险性评价指标体系，并对比总结国内外学者进行风险评估的方法与过程，确定针对“树流感”的有害生物危险性评价体系(蒋青，1994b；李志红，2004；FAO，2004；张平清，2006；丁晖，2006；尹鸿刚，2009)。指标体系的具体内容如表5-16所示。

表5-16　有害生物风险评估指标体系(蒋青，1994b)

<table>
<tr><th>目标层</th><th>一级指标</th><th>二级指标</th><th>指标解释</th></tr>
<tr><td rowspan="11">有害生物危险度R</td><td>国内分布状况P_1</td><td>—</td><td>分布范围越广，表明该有害生物的适生范围越大</td></tr>
<tr><td rowspan="4">潜在的危害性P_2</td><td>潜在的经济危害性(P_{21})</td><td>外来物种对农林业生产、贸易、旅游、交通运输造成的经济损失</td></tr>
<tr><td>是否为其他检疫性有害生物传入的媒介(P_{22})</td><td>用所能传播的有害生物的数量表示。</td></tr>
<tr><td>国外重视程度(P_{23})</td><td>间接反映了有害生物的危险程度，可用把某一有害生物列入检疫名单的国家的数量表示国外对该有害生物的重视程度</td></tr>
<tr><td>我国出入境检疫重视程度(P_{24})</td><td>是否列为检疫对象</td></tr>
<tr><td rowspan="3">寄主的经济重要性P_3</td><td>受害栽培寄主的种类(P_{31})</td><td>寄主的种类越多，危险性越大</td></tr>
<tr><td>受害栽培寄主的面积(P_{32})</td><td>寄主的面积越大，危险性越大</td></tr>
<tr><td>受害栽培寄主的特殊经济价值(P_{33})</td><td>经济价值越高，危险性越大</td></tr>
<tr><td rowspan="2">定殖的可能性P_4</td><td>截获难易(P_{41})</td><td>截获有害生物的频率在很大程度上可反映出该有害生物以人为方式传播入境的潜能</td></tr>
<tr><td>运输过程中有害生物的存活率(P_{42})</td><td>存活率越高，入境潜能越大</td></tr>
</table>

（续）

目标层	一级指标	二级指标	指标解释
	定殖的可能性 P_4	国外分布广否（P_{43}）	有害生物在国外的分布越广泛，入境概率越大
		在国内的适生范围（P_{44}）	有害生物在国内的气候条件下，能否生存、繁殖，是一个影响有害生物危险性的很主要因子
	定殖的可能性 P_4	传播力（P_{45}）	一些非人为控制的自然传播途径，如风传、土传、水传、气传及介体传带等，可影响有害生物在国内的扩散能力，并且不同传播途径的扩散潜力不同
	危险管理的难度 P_5	检疫鉴定的难度（P_{51}）	
		除害处理的难度（P_{52}）	检验技术、除害处理方法都是降低危险性的重要措施
		根除难度（P_{53}）	

如表5-16所示，有害生物危险性评价体系包括5项一级评判指标：国内分布状况、潜在的危害性、受害寄主的经济重要性、定殖的可能性以及危险管理的难度。各项一级指标又包括若干二级判断指标。5个一级指标共同决定了有害生物的风险程度，他们是缺一不可的整体。国内分布状况 P_1 反映一个有害生物是否应该进行检疫的重要性，因为从检疫角度看，国内尚未发生的有害生物更具危险性，如果国内已普遍发生，即使它有很大的危害，但已失去检疫意义，因此在开展评估前，必须考虑该生物在国内的分布状况。潜在的危害性 P_2 反映有害生物可能造成的危害程度，即如果有害生物传入国内，会引起的危害。寄主的经济重要性 P_3 反映寄主植物在经济上的重要程度，也是直接影响有害生物危险性程度的一个重要因子。定殖的可能性 P_4 反映有害生物能否从境外扩散到境内，是构成有害生物危险性的一个重要因素，主要包括传入的可能性、被携带的途径、传入后定殖的可能性和检疫截获的难易程度等。危险管理的难度 P_5 反映有害生物治理难易的程度，主要包括自然界中天敌的种类、成熟化学治理技术的应用程度、一年内发生的代数以及检疫处理难易程度等。

5.4.2 评估指标的赋值标准

为了量化每个指标并使各指标之间具有可比性，本指标体系将各风险指标定量划分为0、1、2、3这四级，值为0代表无风险，值为1代表有低风险，值为2代表风险较高，值为3代表高风险。值越趋于0，表示风险越低，值越趋于3，表示风险越高。各指标的等级划分标准如表5-17所示。

表 5-17　各级指标的等级划分标准

一级指标	二级指标	等级划分			
		0	1	2	3
国内分布状况 P_1	—	分布面积大于50%	分布面积占20%~50%	分布面积占0~20%	国内无分布
潜在的危害性 P_2	潜在的经济危害性(P_{21})	被害株死亡率1%以下	被害株死亡率1%~5%	被害株死亡率5%~20%	被害株死亡率20%以上
	是否为其他检疫性有害生物传入的媒介(P_{22})	不携带任何检疫性有害生物	携带1种	携带2种	可携带3种以上的检疫性有害生物
	国外重视程度(P_{23})	—	有1~9个国家将其列为检疫对象	有10~19个国家将其列为检疫对象	有20个以上国家将其列为检疫对象
	我国出入境检疫重视程度(P_{24})	不是检疫对象	准备列入检疫对象	补充检疫对象	列为检疫对象
寄主的经济重要性 P_3	受害栽培寄主的种类(P_{31})	—	受害的栽培寄主植物1~4种	受害的栽培寄主植物5~9种	受害的栽培寄主植物10种以上
	受害栽培寄主的面积(P_{32})	—	分布面积小，为150万 hm^2 以下	分布面积中等，为350万~150万 hm^2	分布面积广，达350万 hm^2 以上
	受害栽培寄主的特殊经济价值(P_{33})	根据其应用价值、出口创汇等方面，由专家进行评判定级			
定殖的可能性 P_4	截获难易(P_{41})	—	从未被截获或历史上只有截获少数几次	偶尔被截获	有害生物经常被截获
	运输过程中有害生物的存活率(P_{42})	存活率为0	存活率0~10%	存活率10%~40%	存活率在40%以上
	国外分布广否（P_{43}）	—	在1%~25%的国家分布	在25%~50%的国家分布	50%以上的国家分布
	在国内的适生范围(P_{44})	—	1%~25%的地区能够适生	25%~50%的地区能够适生	50%以上的地区能够适生
	传播力（P_{45}）	无法传播	土传或传播力弱的介体传播	由活动能力很强的介体传播	通过气流传播

（续）

一级指标	二级指标	等级划分			
		0	1	2	3
危险管理的难度 P_5	检疫鉴定的难度（P_{51}）	当场鉴定的方法非常可靠、简便快速	介于两种之间		当场鉴定的方法可靠性低、花费时间很长
危险管理的难度 P_5	除害处理的难度（P_{52}）	除害率为100%	除害率在50%~100%	除害率在50%以下	现有的除害处理方法几乎完全不能杀死有害生物
	根除难度（P_{53}）	防治效果好，易根除，成本低，简易易行	介于两种之间		防治效果差，成本高，难度大

5.4.3 风险值的综合计算及等级划分

(1)各级指标标准值的计算

P_1 无二级指标。P_2~P_5 指标的计算如公式5-9、5-10、5-11、5-12所示。

$$P_2=0.6\times P_{21}+0.2\times P_{22}+0.1\times P_{23}+0.1\times P_{24} \tag{5-9}$$

其中，P_2 为潜在的危害性，用各二级指标的加权平均和得出。参考（蒋青，1995）专家咨询结果，P_2 的各二级指标赋权值分别为0.6、0.2、0.1、0.1，这里认为潜在危害主要是由于造成的经济危害构成的。

$$P_3=Max(P_{31},\ P_{32},\ P_{33}) \tag{5-10}$$

其中，P_3 为受害寄主植物的经济重要性，用二级指标的最大值作为 P_3 的值，认为只要寄主植物种类、面积或经济价值有一项的值很高，则经济重要性很高。

$$P_4=(P_{41}\times P_{42}\times P_{43}\times P_{44}\times P_{45})^{1/5} \tag{5-11}$$

其中，P_4 为定殖和扩散的可能性，用二级指标乘积的5次方根得出，认为这5个二级指标是互相依赖缺一不可的。

$$P_5=\frac{1}{3}(P_{51}+P_{52}+P_{53}) \tag{5-12}$$

其中，P_5为风险管理难度，由各二级指标的均值得出。

(2)综合风险值计算

按有害生物危险性定量分析公式计算各级指标的标准值（蒋青，1995）。

$$R=(P_1\times P_2\times P_3\times P_4\times P_5)^{1/5} \tag{5-13}$$

其中，R 为计算得到的综合风险值，R 值越大，风险越高。P_1、P_2、P_3、P_4、P_5 分别为五个一级指标。

(3)风险等级划分

为了方便量化并比较风险大小，将最终的风险值 R 值也分为 4 级，如表 5-18 所示(宋玉双，2000)。

表 5-18 风险等级划分标准

等级	风险度	R 值
1	极高危险	2.5~3.0
2	高度危险	2.0~2.4
3	中度危险	1.5~1.9
4	低度危险	1.0~1.4

5.4.4 “树流感”风险评估结果

根据前面建立的风险评估指标体系，以及各级评估指标的赋值标准，结合收集的“树流感”发生的相关文献调研资料，确定“树流感”各级指标值的大小。如表 5-19 所示。

由表 5-19 中的各项指标赋值标准，根据公式 5-9、5-10、5-11、5-12 计算得到 P_2、P_3、P_4、P_5 的值分别为：2.3、3、1.89、2.67。经公式 5-13 计算得到的风险综合值 $R=2.53$。把计算结果代入风险等级划分标准表 5-18，表明“树流感”传入我国并在我国定殖属于极高风险。

表 5-19 “树流感”入侵风险二级指标赋值

各级指标	赋值	解释
国内分布情况(P_1)	3	到目前为止，还没有发现“树流感”在国内发生的案例
潜在的经济危害性(P_{21})	3	“树流感”引起美国、英国、荷兰等国家栎属植物等寄主大面积死亡，具有极大的破坏性，在我国栎属总面积高达 1610 万 hm^2，占乔木林面积比例的 10.35%，另外还有很多寄主植物在中国都有广泛分布
是否为其他检疫性有害生物传入的媒介(P_{22})	0	栎树猝死病菌为真菌，是引起“树流感”的传染源，不是其他检疫性有害生物传播媒介
国外重视程度(P_{23})	2	美国、加拿大、澳大利亚、新西兰、韩国、欧盟及中国纷纷把栎树猝死病菌列为重要检疫对象
我国出入境检疫重视程度(P_{24})	3	我国把栎树猝死病菌列为重要检疫对象

（续）

各级指标	赋值	解释
受害栽培寄主的种类(P_{31})	3	APHIS公布已发现的寄主植物有127种(属)，其中确定的寄主有45种(属)，相关寄主有82种(属)
受害栽培寄主的面积(P_{32})	3	仅栎属的总面积就已高达1610万hm^2
受害栽培寄主的特殊经济价值(P_{33})	3	栎类树种在我国分布广泛，且具有重要的经济价值
截获难易(P_{41})	2	偶尔被截获。2006年l2月和2007年2月，在进口的比利时和德国的杜鹃上截获病菌；2011年在引自德国和意大利的观赏植物苗木上截获病菌
运输过程中有害生物的存活率(P_{42})	3	病菌的厚垣孢子具有很强的耐干燥能力，在病株残体、土壤中能保持活力达2~6年之久
国外分布广否(P_{43})	1	在欧洲及北美共26个国家都有分布
在国内的适生范围(P_{44})	2	前面的方法得到的最适宜及中等适宜区域面积和均在50%以下，25%以上
传播力(P_{45})	2	主要通过雨水和土壤传播
检疫鉴定的难度(P_{51})	3	不同植物的症状不同，只能通过实验室鉴定，需判定分离物和核酸提取物
除害处理的难度(P_{52})	2	国内外尚无有效控制措施，通常采取烧毁感染寄主的方式除害
根除难度(P_{53})	3	彻底铲除极其困难

5.5 小结

本章引入了MaxEnt、GARP、GLM及SVM等模型，利用目前全球Bio、Bio+LAI两套数据，对全球栎树猝死病菌潜在入侵风险概率进行预测，进而获取了中国地区的栎树猝死病菌潜在入侵风险概率，并通过最优阈值技术对概率图划分出四类警级。同时，选择阈值相关或无关等多个评价指标，对各模型的预测结果进行评价，得出SVM模型在Bio+LAI数据下的预测结果精度最高。然后，利用SVM模型与未来气候情景下两期各四种气候变化情景数据，对中国栎树猝死病菌潜在入侵风险进行中长期预警。

基于SVM_Bio+LAI模型预测结果表明，云南、四川、西藏存在高风险；云南、贵州、四川、重庆、湖北、西藏、陕西等地存在较高风险；而在中国西北、东北地区，栎树猝死病菌的适生度很低，不存在潜在入侵风险；同时，需警惕我国邻近喜马拉雅山脉地区及台湾地区，这两地已发现栎树猝死病菌，但还未有爆发疫情。对2050年、2070年的四种气候变化情景，由SVM模型预测结果表明，在各情景下，云南、四川、贵州、西藏、重庆等地均存在高风险；在2050年RCP2.6情景下，云南、四川、贵州及西藏等地非常适宜病菌的生长、繁殖；而在2070年RCP2.6情景下，各警级面积都大幅降低，不如2050年般适宜病菌的定殖。在2070年RCP4.5情景下，相比2050年RCP4.5情景，病菌在中国的高、较高风险区面积增加，而中等、低风险区面积减少。在2070年RCP6.0情景下，相比2050年RCP6.0情景，变化最为明显的警级面积为较高风险区，呈增长趋势。在RCP8.5情景下，2050年各警级面积相比目前的大，高、较高风险区面积为各情景下最大值，在2070年时，各警级面积大幅下降，说明该情景持续20年后，病菌适应环境能力下降，适生区在减少。

在风险评估定量分析方法方面，采用主流文献中主要使用的风险评估指标体系，其中包括五个一级指标，共15个二级指标。计算得出"树流感"在中国的风险 R 值为2.53，表明了它极高的传入定殖风险。虽然我国还未爆发"树流感"，但它对我国林业构成了极大的威胁。有害生物风险评估是一项复杂的工作，由于各指标内容涉及影响生物传入、定殖、扩散的各个方面，收集的信息往往不完全、不分明、不确定，从而给定性和定量分析及综合评价工作带来许多困难。另外建立的指标体系中各二级指标的值只有0到3四个值，指标值通过收集的资料主观判断，具有一定程度的不确定性。

第6章

“树流感”在典型区的时空传播模拟和风险预警

本章分别以美国加利福尼亚州、中国东南沿海地区、云南省为研究区，基于元胞自动机、Hysplit 模型开展了“树流感”爆发的时空传播模拟和风险预警。

6.1 典型研究区概述

针对“树流感”时空传播模拟和风险预警，选择了3个典型研究区，分别为美国西海岸加利福尼亚州、中国东南沿海地区以及西南部的云南省。

6.1.1 美国加利福尼亚州

加利福尼亚州位于美国西海岸(北纬32°32′到北纬42°，西经114°8′到西经124°26′)，首府为萨克拉门托，北接俄勒冈州，南邻墨西哥，西边是太平洋。加利福尼亚州东西宽约为400km，南北长约1240km，面积约为423970km^2。加利福尼亚州的平均海拔为880m，全境海拔最高为4421m惠特尼山，海拔最低为-85m的恶水盆地。加利福尼亚州大部分区域是地中海气候类型，冬季湿润多雨夏季干燥炎热，北部沿海地区雨水多，南部沙漠地区干旱少雨(Cayan *et al.*，2007)。加利福尼亚州拥有3953万人口，其中大部分人口聚集在南部旧金山海湾地区，北部山区和东南部沙漠地区人口稀少。

自从1994年加利福尼亚州首次在Marin地区发现“树流感”(McPherson *et al.*，2001)以来，至少已有14个郡发现了染病植株(Kanaskie *et al.*，2010)。“树流感”主要爆发在加利福尼亚州的西海岸地区，如：Humboldt郡、Mendocino郡、Sonoma郡、Marin郡、San Mateo郡、Santa Cruz郡等地，且已经造成成千上万的栎树的死亡(Kelly and Meentemeyer，2002)。“树流感”在加利福尼亚州的寄主植被主要有：橡树(*Quercus palustris* Münchh)、海岸红木(*Seguoia sempervireus*)、红杉(*Sequoia sempervirens*)、道格拉斯冷杉[*Abies fabri* (Mast.) Craib]、黄杉(*Pseudotsuga sinensis* Dode)等(Garbelotto *et al.*，2003)。从图6-1中可以看出加利福尼亚州的森林主要集中分布于北部、中央谷地周围以及西部沿海地区，加利福尼亚州东南地区是广袤的科罗拉多沙漠，植被类型主要是灌木，农作物则主要集中分布在中央谷地地区。

6.1.2 中国东南沿海地区

福建省位于我国东南沿海(北纬23°33′到北纬28°20′，东经115°50′到东经120°40′之间)，北接浙江省，西与江西省接界，南通广东省，东与台湾省相望。福建省南北长约为530km，东西宽约为480km，面积124000km^2。福建省的地势总体上西北高东南低。福建省受季风环流和地形的影响，形成亚热带海洋性季风气候；全省70%的区域≥10℃的积温在5000~7600℃，热量丰富；年均气温17~21℃，光照充足；福建省是中国雨量最丰富的省份之一，年降水量1400~2000mm。福建省森林覆盖率全国第一，森林植被中阔叶林占30%，针叶林占70%，树种主要有壳斗科、樟科、木兰科等(陈永芳和陈国瑞，2000)。研究者指出中国云南和福建省可能是栎树猝死病菌的起源地之一，因为该地区和美国加利福

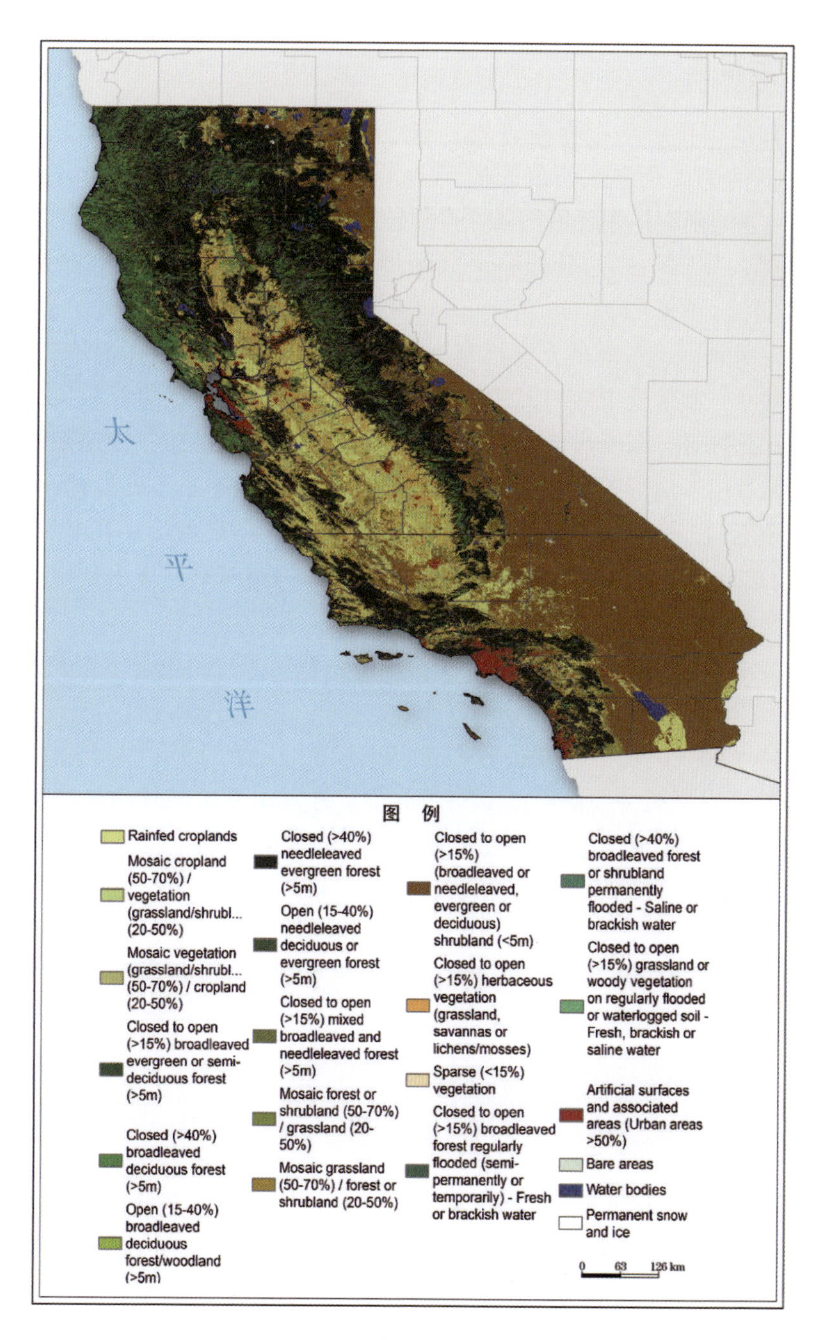

图 6-1 加利福尼亚州植被覆盖图

尼亚州地区气候相似且寄主植被丰富，研究者在与福建省隔海相望的台湾北部的森林里已经发现了栎树猝死病菌(方舟等，2016)。福建漳州港是中国木材进口的十大港口之一(钟欣，2011)。

6.1.3 中国云南省

云南省简称滇，位于中国西南边陲，东经97°31′~106°11′，北纬21°8′~29°15′，北回归线横贯其南部。全省东西最大横距864.9km，南北最大纵距990km，总面积约39.4万km²，占中国国土总面积约4.1%。云南省西部、西南部与缅甸接壤，南部同越南、老挝毗邻，东部与广西壮族自治区和贵州省相连，北部同四川省为邻，西北部与西藏自治区相接(图6-2)。

云南地势为西北高、东南低，海拔高差异常悬殊。云南气候主要属低纬山原季风气候，地处低纬高原，冬季受干燥的大陆季风控制，夏季盛行湿润的海洋季风。全省气候类型丰富多样，有北热带、南亚热带、中亚热带、北亚热带、南温带、中温带和高原气候区共7个气候类型。由于地形复杂和垂直高差大等原因，年温差小、日温差大；降水充沛、干湿分明、分布不均；气候垂直变化差异明显。云南省植被类型极为丰富多样，有"植物王国"之称。植被分布规律自低纬度向高纬度依次分布为热带雨林—山地雨林—季风常绿阔叶林—半湿润常绿阔叶林—湿性常绿阔叶林—硬叶常绿阔叶林—高山灌丛、草甸。其中，需要特别关注的为硬叶常绿阔叶林与高山灌丛、草甸，两类包含了多种栎树猝死病菌寄主。

硬叶常绿阔叶林在滇西北亚高山海拔3000m以上，其优势树种为栎属中硬叶的高山栎类。在云南，高山栎类主要分布于亚热带北部金沙江中下游峡谷两侧的亚高山和中山上部海拔2600~3900m，大多数分布在山地阳坡或石灰岩基质上。硬叶常绿树有明显的耐寒、耐旱特征：中型叶偏小，革质坚硬，叶缘一般具尖刺状齿，叶面稍光滑而叶背均密被黄色或灰色茸毛；树皮厚而粗糙，分枝多而密集。群落结构简单，多为单优势种森林，少数也有二种硬叶株类共优，或混生其他针叶或落叶阔叶树种者。组成硬叶常绿阔叶林的主要树种是：川滇高山栎、黄背栎、帽斗栎、长穗高山栎、川西栎、光叶高山栎、刺叶栎、灰毛高山栎、匙叶栎、铁叶栎、锥连株等。其中，大面积而偏北分布的是川滇高山栎林，其他种类所组成的群落均偏南分布。而在滇西北和滇北山地，则黄背栎林更为常见。

海拔4000m以上的山地为亚高山与高山灌丛和高山草甸。亚高山及高山灌丛中以杜鹃属的各个种为优势的类型最为突出。在3800~4000m分布最普通的是以绒叶杜鹃为主的多种杜鹃组成的灌丛；4000~4200m山脊砾石堆上则常见小鳞叶杜鹃、拟小鳞叶杜鹃、紫花杜鹃和两种高山柳组成稀疏灌丛，高仅20cm，分布星散。高山草甸则基本上以狐茅草草甸和蒿草草甸为主。蒿草草甸常与高山流石滩稀疏植被交错分布。有时也能与高山杜鹃灌丛镶嵌，但其本身在高山垂直带上还是比较稳定的(杨一光，1980；侯学煜，1981)。

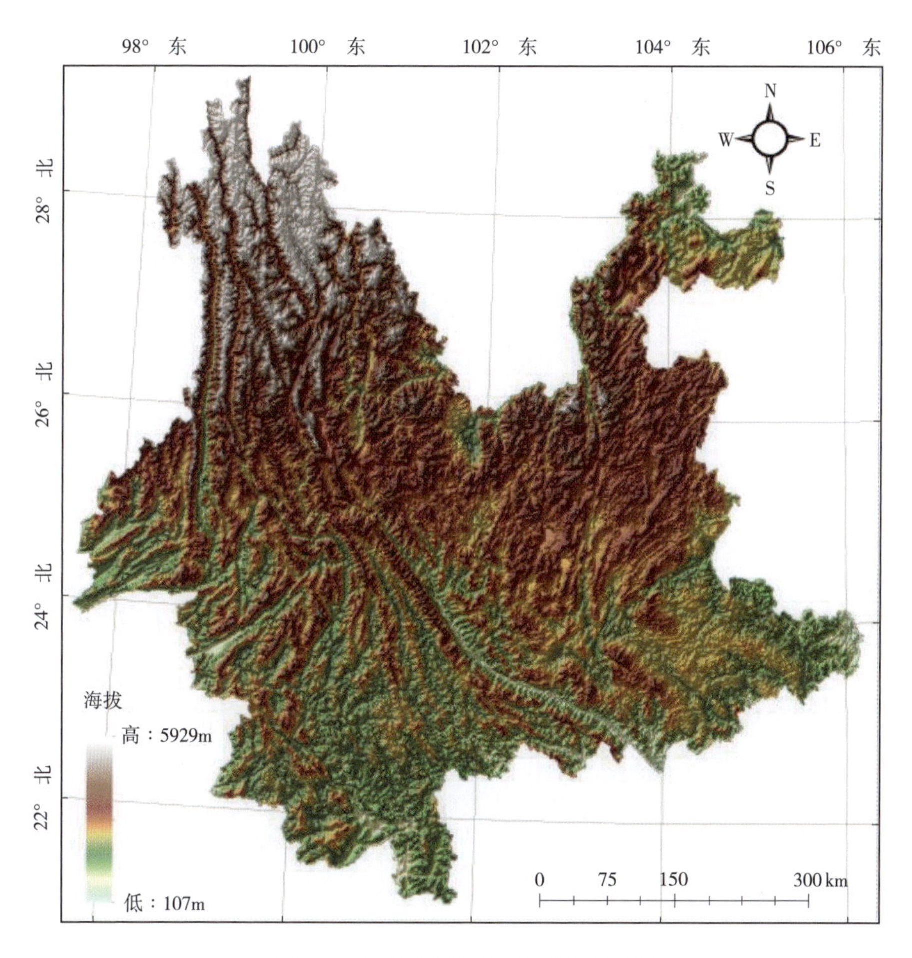

图 6-2　中国云南省地理位置和地形图

6.2　国外"树流感"传播机制

掌握栎树猝死病菌的传播、扩散过程能充分了解病菌的存活方式及传播途径，可针对性地控制该病菌，避免大规模爆发。栎树猝死病爆发包含以下几个阶段：孢子形成、孢子扩散、感染(侵入寄主)、定殖、症状发展(枝叶枯死)及孢子存活。图 6-3 是病菌在寄主间的传播途径示意图(改动自 Parke *et al.*，2008)。

图 6-3 中，①表示游动孢子通过雨水、风携带或者人类活动等到达寄主；②表示孢子侵入寄主躯干；③表示游动孢子侵入低矮乔木或灌木；④表示植被上的孢子随落叶到达地面；⑤表示地面落叶上的孢子又侵入寄主底部；⑥表示孢子掉落至地面，形成厚垣孢子在土壤中存活。图中的图片来自加利福尼亚州栎树猝死病专案组(California Oak Mortality Task

Force)。

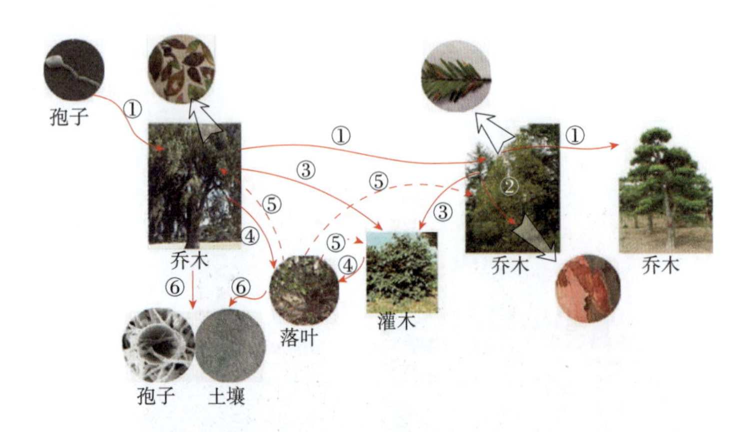

图 6-3　栎树猝死病菌在寄主间传播途径(改自 Parke *et al.*，2008)

6.2.1　孢子形成

栎树猝死病菌与大多数疫霉菌属类似，可在自然条件与实验室中制造无性孢子：胞囊孢子、游动孢子及厚垣孢子。而有性孢子如卵原细胞、卵孢子等只在实验室中观测过，还未在自然条件下被发现过(Ivors *et al.*，2006；Prospero *et al.*，2007)。孢子即真菌的主要繁殖器官，有性孢子通过两个细胞融合和基因组交换后形成，无性孢子无此阶段而经菌丝分裂等形成。孢子在适宜条件下发芽，形成菌丝并进行分裂繁殖；当外界环境不适宜时可呈休眠状态而存活较长时间。厚垣孢子由菌丝中的个别细胞膨大，原生质浓缩和细胞壁变厚而形成的休眠孢子，它是霉菌度过不良环境的一种休眠细胞，寿命较长，菌丝体死亡后，上面厚垣孢子还能存活，一旦环境条件转好，又能萌发成菌丝体。游动孢子产生在由菌丝膨大而成的游动孢子囊中，具少许鞭毛，可随水体游动。胞囊孢子是一种内生孢子，在孢子形成时，气生菌丝或孢囊梗顶端膨大，并在下方生出横隔与菌丝分开而形成的孢子囊。孢子囊逐渐长大，然后在囊肿形成许多核，每一个核包着原生质并产生孢子壁，即形成胞囊孢子。孢子囊成熟后破裂，孢子扩散出后在适宜条件下即可萌发成新的个体。

孢子形成与许多气象因子密切相关，包括环境中的降水、温度、光照、湿度等。Englander 等人对 NA1 及 EU1 谱系的栎树猝死病菌试验得知，NA1 谱系厚垣孢子形成的最适宜温度为 10~28℃，EU1 谱系厚垣孢子形成的最适宜温度为 10~26℃；NA1 谱系孢囊孢子形成的最适宜温度为 10~30℃，EU1 谱系孢囊孢子形成的最适宜温度为 6~26℃(Englander *et al.*，2006)。不同湿度条件对孢子囊形成的影响非常大，在实验室条件下，100%的湿度为孢子理想形成湿度(Turner *et al.*，2006；2008)。在美国加利福尼亚州 SOD 感染的区域内，孢子形成呈季节变化，很大程度上与温度、降水相关。在雨水较少的冬季，病菌都处休眠期，而到了春季降水增加时，孢子开始活跃，形成速率非常之快(Davidson *et al.*, 2005a；Fichtner *et al.*, 2006)。

6.2.2 孢子扩散

孢子扩散可分为短距离传播与远距离传播，前者主要受雨水和风的携带影响，后者较为复杂，可为人类或其他生物活动带至远方，或随流水到达。

在短距离传播中，枝叶上及掉落在土壤上的孢子随雨水飞溅至躯干或周围的植被。Chastagner 等指出已感染的加州月桂上孢子传播受降水影响，且传播距离仅为 4.4m(Chastagner *et al.*, 2008)。在加利福尼亚州疫区，由风动引起的孢子扩散，其传播距离可达 15m (Davidson *et al.*, 2005b)，在风力较大时，如在英国由 Turner 等发现，孢子可传播到 50m 外(Turner, 2007)。在俄勒冈州西南部，Hansen 等发现狂风使得孢子最远传播到 300m 外 (Hansen *et al.*, 2008)。SOD 大规模传播的主要原因便是短距离的孢子扩散，然而目前仅知其扩散途径主要为雨水与风的携带，无法获取量化的影响参数。

对于孢子的长距离传播，其主要由运输或流水引起。木材或苗木运输过程中，因未检测病菌，导致病菌随交通工具在国内或国际间进行长距离传播。特别地，NA1、NA2、EU1 谱系均在苗圃中被发现，EU1 谱系由欧洲转入美国苗圃(Goss *et al.*, 2009)。在欧洲，西班牙发现的栎树猝死病菌是由国外引入感染的杜鹃花引起；英国多处苗圃发现的感染苗木也是因苗木运输引起(Davidson *et al.*, 2003a)。受污染的水源亦是孢子远距离扩散的另一途径，如用已污染的水对寄主灌溉。美国农业部林务局(U.S. Department of Agriculture, Forest Service, USDA FS)已在全美推行了栎树猝死病菌水域监测项目，在疫区周围水域中安置病菌监测器进行监控，在英国 SOD 疫区周围水域中也发现了病菌，但是目前还没有报告指出因受染水源而导致的 SOD(Oak *et al.*, 2006；2008；2010)。

6.2.3 孢子感染与存活

孢子传播过程中，当孢子到达寄主后，孢子穿入枝叶的气孔而侵入植被，使之产生病变。除需适宜的温度以保证孢子产生外，Garbelotto 等发现 6~12 小时的连续降水能加快孢子在加州月桂间的传播(Garbelotto *et al.*, 2003)。树龄对孢子传播也有一定的影响；Hansen 等发现柯木与加州月桂的幼木比成木更易受孢子感染(Hansen *et al.*, 2005)；De Dobbelaere 等发现杜鹃花被阳光暴晒几小时后，被感染概率大大降低，这点很好理解，植被受强光照射后，枝叶气孔将变小以降低蒸腾作用，孢子便较难穿入枝叶气孔(De Dobbelaere *et al.*, 2008)。

栎树猝死病菌与大部分疫霉属一样，其生长及再生都与环境条件密切相关。附着在加州月桂枝叶上的孢子数量在 5 月到达最高峰，6 月变为 90%，到 8 月便减少至 50%，在整个夏季都能存活，而在落叶上的孢子在夏季时全部灭亡(Davidson *et al.*, 2002, 2003b)。

当环境条件不适宜时，如孢子在冬季主要是以厚垣孢子形式存活，其存活时间可达半年至2年(Steeghs *et al.*，2008；Shelly *et al.*，2006；Brown *et al.*，2007)。

6.3 “树流感”的时空传播模拟和风险预警建模

本章基于Hysplit模型和元胞自动机模型开展的“树流感”时空传播模拟和风险预警。现分别对这两个模型的原理和建模过程进行介绍。

6.3.1 Hysplit模型

6.3.1.1 Hysplit模型原理

Hysplit是拉格朗日混合单粒子轨迹模型的英文缩写。该模型是由美国国家海洋和大气管理局(National oceanic and atmospheric administration，NOAA)与澳大利亚气象局共同研发的(郁振兴，2011)，可用来模拟气流所携带的粒子或气团的移动方向，分析气团所含颗粒的扩散、沉积轨迹，对空气及其所携带颗粒运动状态进行前向或者后向轨迹模拟(Draxler，1998)。

Hysplit模型是一个大气流动的物理模型，也是计算简单空间运动及复杂分散轨迹和沉积模拟的完整系统，被广泛应用于微粒的传输和扩散模拟(陈燕婷，2015)。Hysplit模型模拟粒子的水平运动基础是对每个粒子进行单独计算，t时刻粒子的水平运动是从初始运动位置$P(t)$和Δt时间后的初估位置$P'(t+\Delta t)$的三维速度矢量的均值计算而来(Draxler and Hess，1997)，其中：

$$P'(t+\Delta t)=P(t)+V(p, t)\Delta t \tag{6-1}$$

Δt时间后的模拟位置$P(t+\Delta t)$为：

$$P(t+\Delta t)=P(t)+0.5[V(P, t)+V(P', t+\Delta t)]\Delta t \tag{6-2}$$

式中，$V(P, t)$为粒子在t时刻所在位置的速度矢量，$V(P', t+\Delta t)$为Δt时间后的初估位置的速度矢量，速度矢量是由粒子所在点的平均风速加上一个随机变量得到。另外：

$$V_{max}\Delta t<0.75 \tag{6-3}$$

式中，V_{max}为前一个小时粒子的最大速度，Δt是可变的，其值可以从1分钟变到1小时。

6.3.1.2 Hysplit模型模拟预警过程

(1)数据分析

从美国国家环境信息中心网站下载加利福尼亚州1981—2010年的350个气象站点月均温度数据。将气象站点数据进行空间插值得到连续的栅格数据。研究表明栎树猝死病菌最佳的孢子形成温度为 18~22℃(Davidson *et al.*, 2005a)。将加利福尼亚州每个月月均气温图分为三个等级即：小于 18℃、18~22℃、大于 22℃。然后将分级图和"树流感"爆发点进行叠加分析。如图 6-4 所示 7 月份时绝大多数爆发点落在 18~22℃区域。又由于 7 月份时美国西海岸地区绝大数时候都刮西风，因此正好能够将生成的孢子往内陆吹，从而加大了病菌传播的可能性。综合考虑后将 7 月份作为加利福尼亚州轨迹模拟时间段。

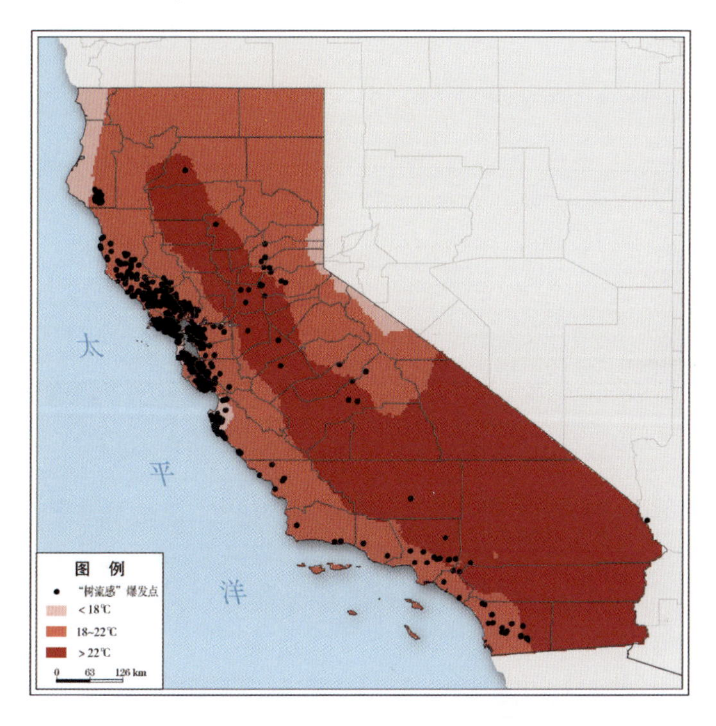

图 6-4 加利福尼亚州 1981—2010 年 7 月份平均气温图

对中国区域 2000—2010 年的月均气温进行分析。结果如图 6-5 所示，4 月福建、浙江、广东、江西四省绝大部分区域气温在 18~22℃。因此选择在 4 月对福建地区进行轨迹模拟。

(2)轨迹模拟

选取加利福尼亚州 2007 年、2011 年、2015 年的"树流感"爆发点数据为病源区，运用 Hysplit 模型对每个爆发点从当年的 7 月 1 日到 7 月 31 日每天分 00：00、6：00、12：00、18：00 4 个时间开始，每次前向模拟 72 小时。然后运用得到的模拟轨迹计算研究区内每点的轨迹频率 $f(x, y)$：

$$f(x, y) = \frac{l}{L} \times 100 \tag{6-4}$$

式中 l 为以(x, y)为中心 1 英里(约 1.6km)为半径的圆内所有轨迹线的长度，L 为整个研究区内所有轨迹线的长度，x 为经度，y 为纬度。

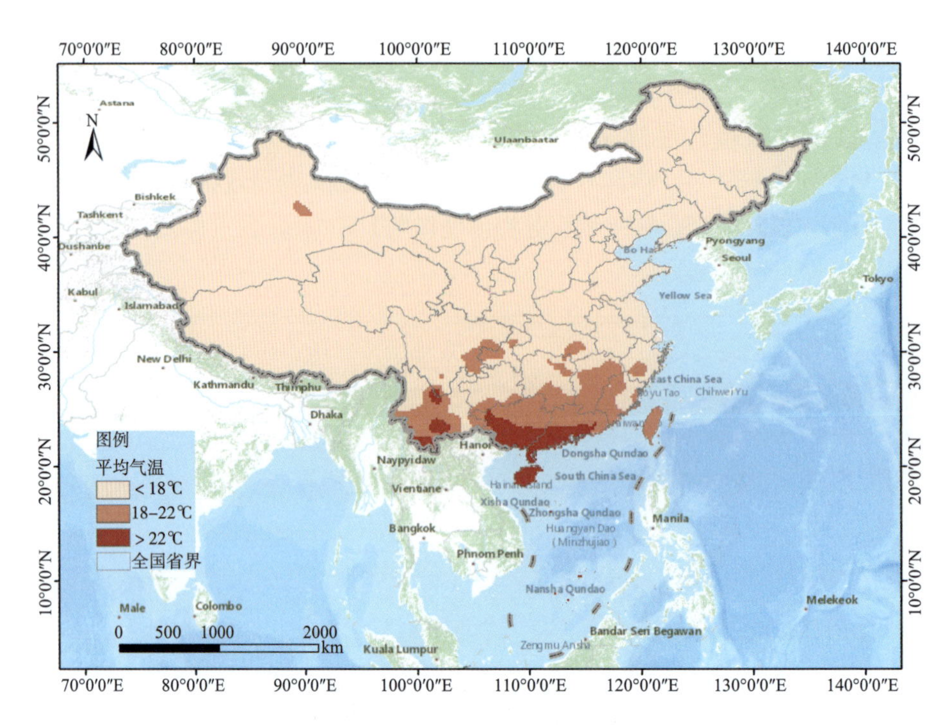

图 6-5　中国 2000—2010 年 4 月份平均气温图

将得到的轨迹频率图和植被覆盖图进行叠加分析，从而将植被稀少的区域轨迹频率设为0。并且运用2008、2012、2016年加利福尼亚州"树流感"爆发点数据来检验轨迹模拟的结果。最后以中国福建漳州港地区4个假设爆发点(表6-1)为病源区，对其2016年4月的传播轨迹进行同样的模拟。

表 6-1　中国区域假设爆发点信息及其轨迹模拟设置

编号	经度(°E)	纬度(°N)	每天模拟的起始时间	每次模拟时长(小时)	模拟时间段	模拟方式
1	24.4271	117.8214	00：00、06：00、12：00、18：00	72	2016.4.1—2016.4.30	前向模拟
2	24.4338	117.7733	00：00、06：00、12：00、18：00	72	2016.4.1—2016.4.30	前向模拟
3	24.4612	117.7443	00：00、06：00、12：00、18：00	72	2016.4.1—2016.4.30	前向模拟
4	24.4898	117.7489	00：00、06：00、12：00、18：00	72	2016.4.1—2016.4.30	前向模拟

6.3.2　SI 模型及元胞自动机

基于SI模型架构元胞自动机建立"树流感"病菌传播模拟模型，实现"树流感"的时空传播扩散模拟。SI模型能针对病菌在时间上的传播特征进行建模，获取寄主感染高峰期时间；基于元胞自动机理论构建栎树猝死病菌指定时间步长内在单元元胞间空间扩散过程。

6.3.2.1 SI 模型

基于数学方法来模拟中国栎树猝死病造成的森林受感染情况，假定该病菌入侵中国，以此来描述其传播和蔓延的变化规律，预测该病菌爆发高峰期及危害范围，使得我们能更好地预防和控制该森林病害。针对该病菌为一种卵菌，只在特定的寄主上进行传播，即可从寄主感染的数量变化上进行研究。

“树流感”为高致命性森林病害，受感染寄主枝叶枯死，无法自行痊愈。假设病菌通过雨水、空气等途径由菌源传播到健康寄主时，单位时间 Δt 内菌源可感染健康寄主株数为 $i(t)$。记 t 时刻的感染株数为 $i(t)$，$i(0)=i_0$ 为初始受感染的株数，则有：

$$i(t+\Delta t)-i(t)=k_o i(t)\Delta t \tag{6-5}$$

可得到常微分方程组：

$$\begin{cases}\dfrac{di(t)}{dt}=k_o i(t)\\ i(0)=i_o\end{cases} \tag{6-6}$$

其解为：$i(t)=i_o\exp(k_o t)$。

该结果表明，受感染的寄主将按指数形式增长，这与病虫害爆发的初期相吻合，然而其受感染的植被株数不可能无限增加，与实际情况不符。

这里不考虑 SOD 疫区内新生和砍伐的寄主株数，一个地区内寄主的总株数可认作常数 $N=i(t)+s(t)$，$s(t)$ 为 t 时刻的未感染病菌的健康寄主株数。假设每颗已感染的寄主在单位时间内感染的株数与未被感染的寄主株数成正比，即比例系数为 k(称为传染系数)，那么式(6-6)可修改为：

$$\frac{di(t)}{dt}=k[N-i(t)]i(t) \tag{6-7}$$

初始条件仍为 $i(0)=i_o$，由分离变量法可求得上式在初始条件下的解为：

$$i(t)=\frac{N}{1+\left(\dfrac{N}{i_o}-1\right)\exp(-kNt)} \tag{6-8}$$

由上式得式(6-9)：

$$\frac{di}{dt}=\frac{kN^2\left(\dfrac{N}{i_o}-1\right)\exp(-kNt)}{\left[1+\left(\dfrac{N}{i_o}-1\right)\exp(-kNt)\right]^2} \tag{6-9}$$

令$\dfrac{d^2i(t)}{dt^2}$，可以得到 $t_m=\dfrac{1}{kN}In\left(\dfrac{N}{i_o}-1\right)$时，$\dfrac{di}{dt}$取最大值。$t_m$ 为感染高峰期，与传染系数 k 及植被数目 N 的乘积成反比，说明当传染系数(或植被数目)越大，感染高峰期越小即耗时更少。

上述即为 SI(Susceptible and Infective)模型。通过传染系数及植被株数，便可求解出感染高峰期时间，进入后续研究。

6.3.2.2 元胞自动机

SI 模型是一维的，只能够描述各寄主是否感染随时间而变化的过程，无法描述其传播的空间变化。因此，本节引入元胞自动机(CA)，它是一个时间和空间都离散的动力系统。其基本思想是把研究区划分为规则格网，每个格网即元胞取有限的离散状态，根据相邻元胞间的一定规则，对所有元胞进行同步更新，这样的相互作用构成动态系统的演化。CA 不是由严格定义的物理方程或者函数确定，而是由一系列模型构造的规则构成。

元胞自动机由元胞、元胞空间、邻居、状态、转换规则、时间等六部分组成。

(1)元胞

元胞是 CA 最基本组成成分，分布在离散的一维、二维或多维空间的格网上。

(2)元胞空间

CA 的格网可以有不同的维数和大小，一维 CA 格网是将直线划分成若干份；二维 CA 格网可将平面分为三角、正方形、六边形等多边形排列形式；三维 CA 格网即加入 z 轴而将空间划分为立体格网。

(3)邻居

元胞邻居即其周围相邻的元胞集合。对一维 CA 格网，元胞邻居即其左右相邻对称的格网数量；对二维 CA 格网，其邻居定义通常有三种：冯-诺依曼(Von Neumann)型，定义元胞的上下左右四个格网单元为邻居；摩尔(Moore)型，定义元胞的八邻域格网单元为邻居；扩展摩尔(Moore)型，定义为摩尔型的整数倍为邻居。

(4)状态

单位元胞在某个特定的时间上其有限状态的集合称为元胞状态，其状态变量为离散值。它可以是$\{s_1, s_2, \cdots, s_k\}$的形式，表示某元胞可取 k 种状态。最简单的如{0, 1}二进制形式，即每个元胞只可取 0 或者 1 其中一个状态。

(5)转换规则

转换规则就是根据当前时刻 t 的元胞状态及邻居元胞状态来确定下一个时刻 $t+1$ 时该元胞状态的状态转换函数。

(6)时间

CA 是一个动态系统，其时间是离散的，即由时刻 t 经时间间隔 i(步长)到下一个时刻 $t+i$，其时间间隔为等间距的整数值。元胞在下一时刻 $t+i$ 直接由时刻 t 的该元胞及其邻居的状态决定。

6.3.2.3 环境因子提取

由国外栎树猝死病菌的传播机制，可知孢子存活、发芽及寄主间传播过程中，对气候环境影响非常敏感，主要受温度、降水量等影响。为此，引入了两个气候环境适生指数：温度适生指数 c_i^t 与降水量适生指数 m_i^t，i 代表寄主位置，t 代表第 t 周时间(Meentemeyer *et al.*，2011)。孢子生长的最低温、最高温及适宜温度范围分别为 0℃、30℃、6~26℃；而当降水量大于 2.5mm 时，孢子繁殖开始活跃，两者成正比关系，降水量越高，病菌的繁殖能力越高(Davidson *et al.*，2005a；Englander *et al.*，2006)。Meentemeyer 等将降水量适生指数划分为 0、1 两值，当降水量大于 2.5mm 时，m_i^t 取 1，反之，m_i^t 取 0；用孢子数量增长率与温度建立回归关系，具体为：

$$y = -0.066 + 0.056x - 0.0036(x-15)^2 - 0.0003(x-15)^3 \qquad (6-10)$$

其中，y 为孢子数量增长率，x 为温度，模型 R^2 为 0.79，实验样本点数为 14。孢子数量增长率即为温度适宜指数，孢子数量增长率变大，其温度适宜性越好，反之，孢子数量增长率降低，其温度适宜性也下降。我们无法获取孢子数量数据，使其与温度建立统计模型，因此只能直接采用 Meentemeyer 等的公式，计算孢子温度适生指数 c_i^t。其回归精度较好，能代表"树流感"发生地的情况。此处提取 2013 年云南省共 52 周、1km 分辨率每 7 天平均的周平均温度、周平均降水量数据，降水量低于 2.5mm 的赋 0 值，其余赋 1 值；对温度数据同理，对小于 0℃与大于 30℃的赋 0 值，其余带入式 6-6 中计算。图 6-6 为 2013 年第 1 周、第 25 周云南省栎树猝死病菌的温度适生指数与降水量适生指数。

云南省全年降水量能够完全适宜栎树猝死病菌的需求，而其温度适生指数随季节不同而发生改变，如在第 1 周，云南省北部地区的温度适生指数较低，而在第 25 周，大部分地区都适宜病菌的生长、繁殖。

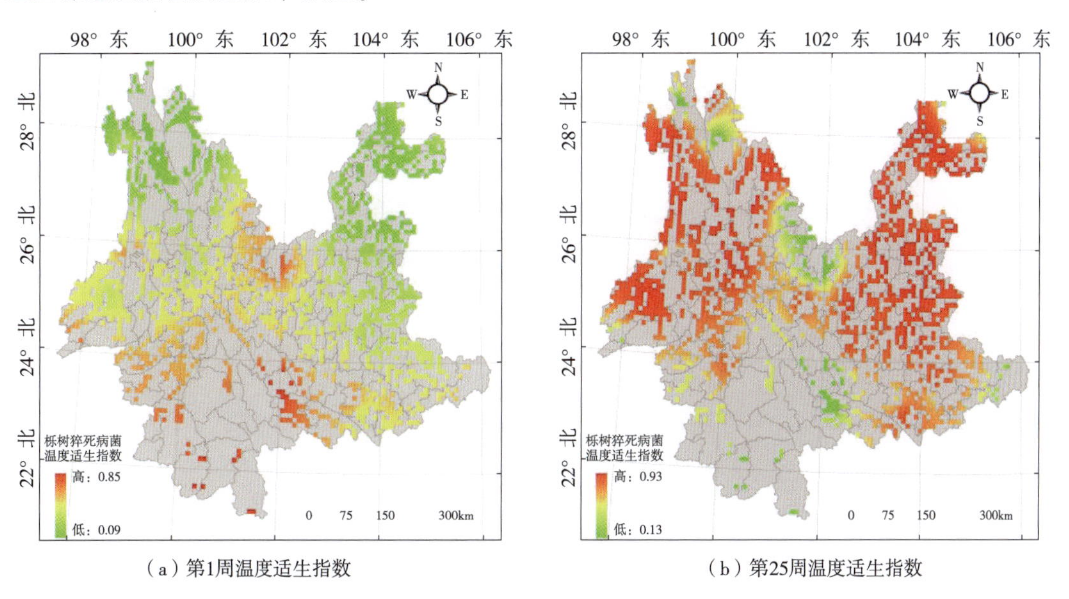

(a) 第1周温度适生指数　　(b) 第25周温度适生指数

图 6-6　云南省栎树猝死病菌温度、降水量适生指数(2013 年 1/25 周)

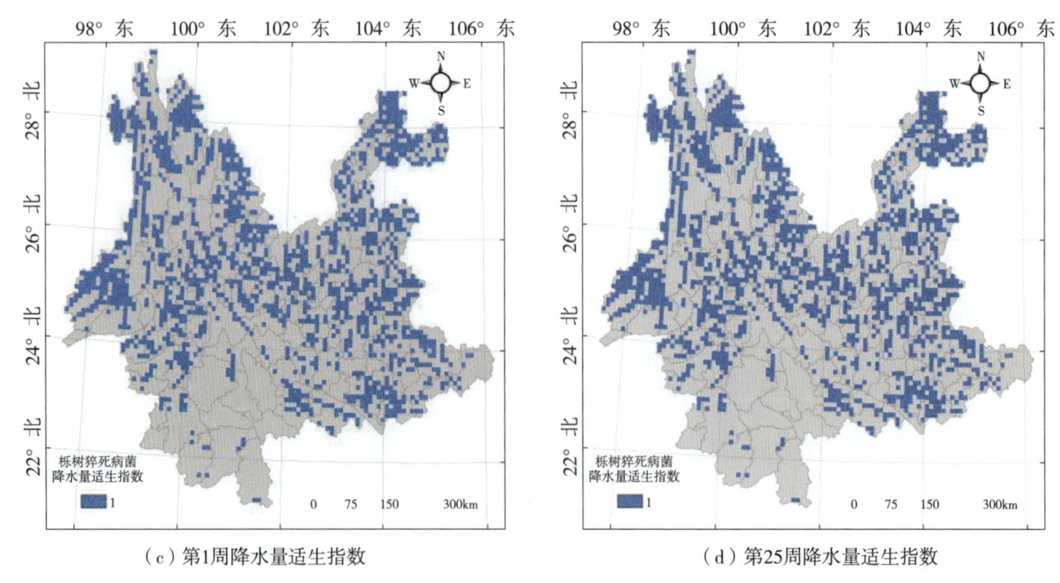

（c）第1周降水量适生指数　　（d）第25周降水量适生指数

图 6-6　云南省栎树猝死病菌温度、降水量适生指数(2013 年 1/25 周)(续)

寄主位置、数量直接影响孢子传播范围，遥感数据能实现大范围、长时间序列的植被监测，本章利用前述像元二分法反演得到的植被覆盖度来代表寄主的生长覆盖情况。栎树猝死病菌不仅感染乔木，也危害灌木、草本，症状表现为枝叶枯死，因此，光学遥感影像是最适合监测栎树猝死病的数据源。遥感数据反演的其他结构参数如树高、蓄积量等无法用来评估已染植被的枝叶变化。由 2013 年 1~12 月云南省 MOD13A3-NDVI 数据，利用像元二分法得到 2013 年云南省各月寄主覆盖度，空间分辨率为 1km。如图 6-7 为 2013 年云南省逐月潜在寄主的植被覆盖度。

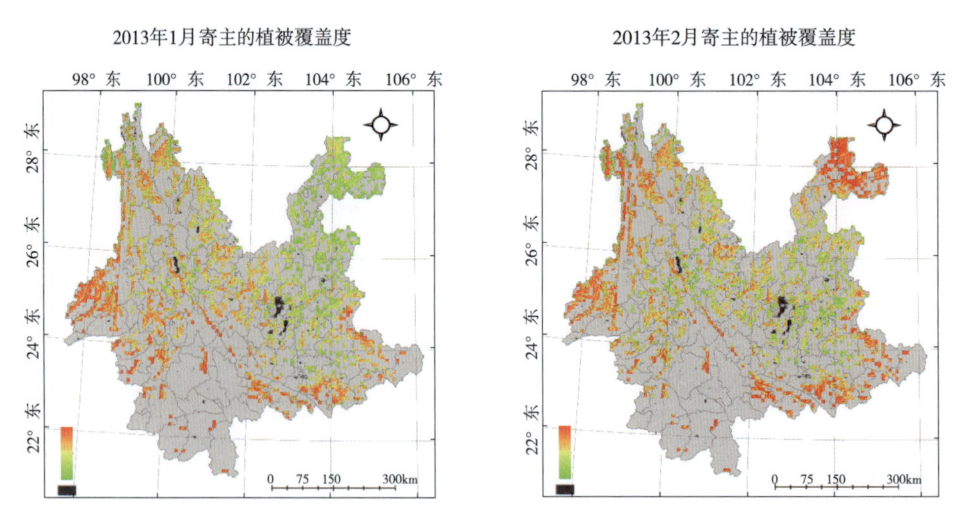

图 6-7　2013 年云南省逐月"树流感"病菌寄主的植被覆盖度

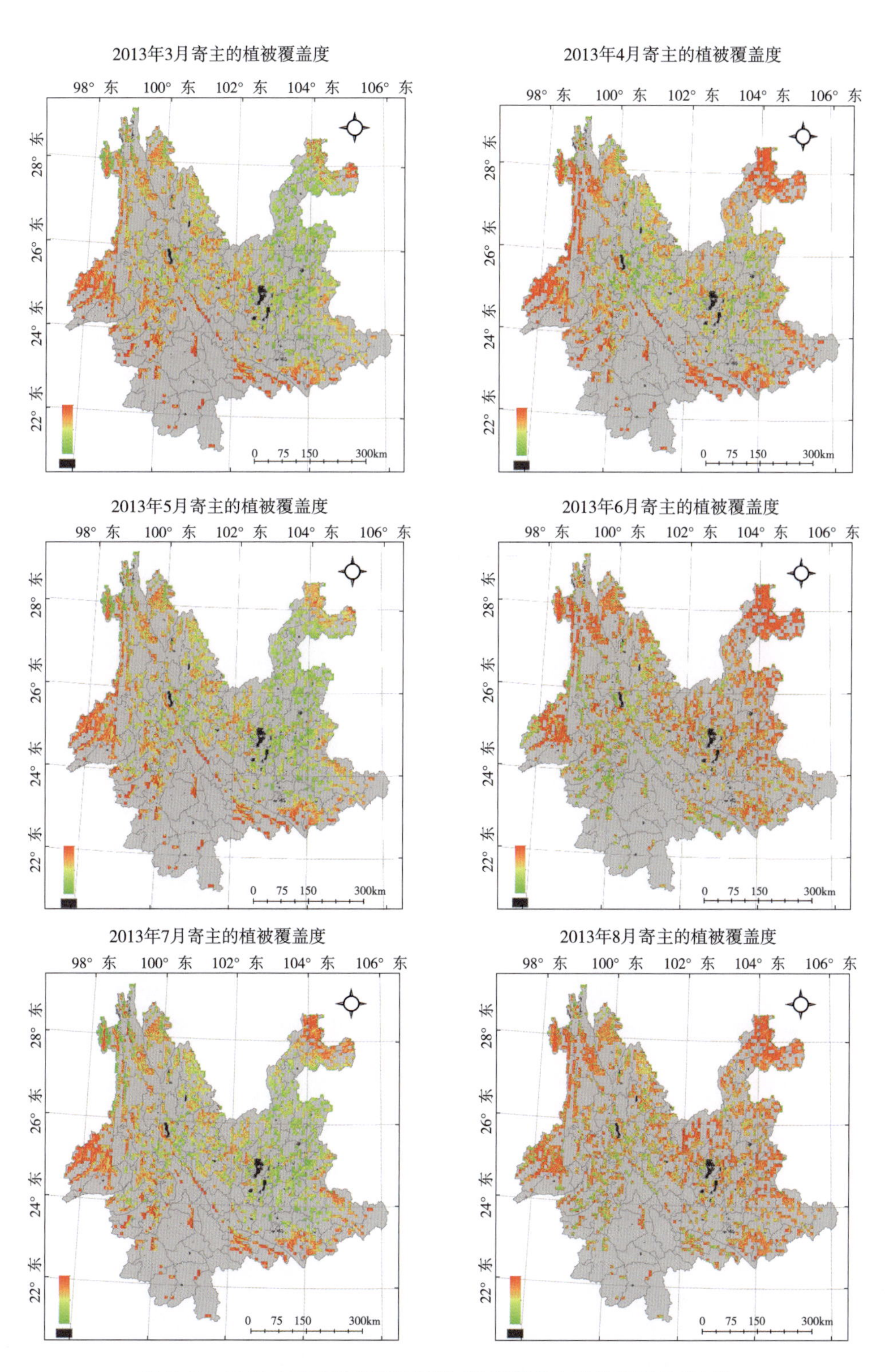

图6-7 2013年云南省逐月"树流感"病菌寄主的植被覆盖度(续)

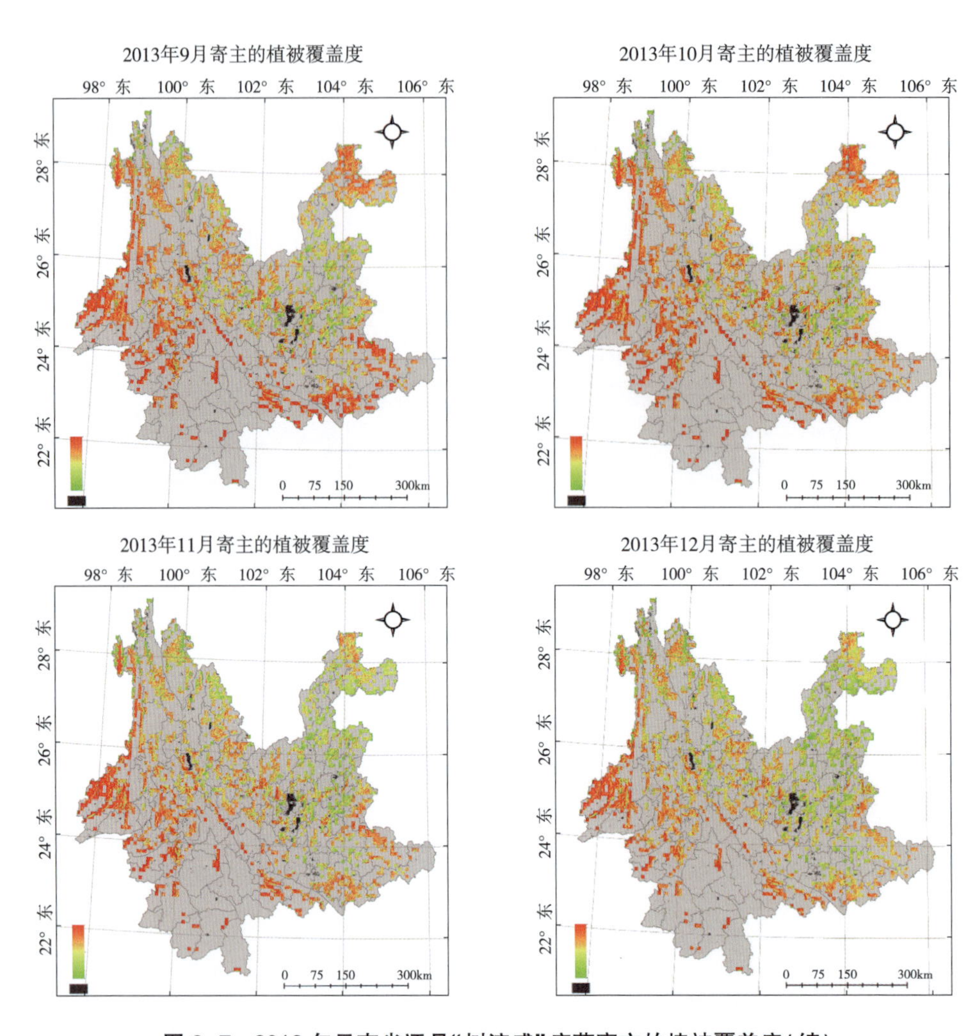

图 6-7 2013 年云南省逐月"树流感"病菌寄主的植被覆盖度(续)

6.3.2.4 元胞自动机的 SI 模型架构

基于 SI 模型的基本原理，本节利用元胞自动机来模拟云南省"树流感"的时空扩散。将研究区划分为 1km×1km 大小的格网，每个格网即为单位元胞，其状态只为 0(易染病寄主，S)与 1(已染病寄主，I)。同时，根据国外 SOD 的传播机制，制定相应的扩散规则，并对时间进行离散处理，那么对整个元胞空间(即有潜在寄主的格网内)上根据这样的规则进行同步更新所有元胞的状态。

构建上述模型时应当先处理初始条件及边界条件。对于初始条件，即初始时哪些元胞的状态为 1，因为中国尚未发生 SOD，没有已染病的寄主，可随机在潜在寄主中选择有限个元胞，假定它们为已染病，而剩余有易染病寄主的元胞状态为 0；对于边界条件，因下一时刻某元胞状态要由其自身与邻居的状态间关系决定，因此，对于元胞空间的边缘要人为地加上个空值边界，使得所有元胞都分布在系统内部。

至此，构建基于元胞自动机的SI传播模型：

①元胞：云南省1km×1km大小的格网单元。

②元胞空间：在初始时刻，随机选取n个元胞为已染病元胞，剩余即易染病寄主所处元胞，非潜在寄主所在元胞为空值。

③邻居：摩尔(Moore)型，即元胞的八邻域格网单元为邻居。

④状态：设每个元胞的状态变量为S_i^t，表示在t时刻i位置上的元胞状态，其中，元胞的状态空间分布为0状态，1状态，分布代表易染病元胞，已染病元胞。

⑤转换规则：设置所有元胞初始状态S_i^t为0，在元胞空间中随机假定i个元胞中侵染了栎树猝死病菌，从t时刻开始，在每个时间步长对空间内所有元胞进行扫描及随机行走，并按下述规则进行元胞状态更新：

计算t时刻i位置处的元胞$C_{i,j}^t$是否能传递到相邻元胞C_j^t可被传染概率为$P_{i,j}^t$，其大小受传染性P_o^t、与被传递元胞之间的距离$D_{i,j}$、传递方向θ^t所决定。对元胞间的距离，其表达式为：

$$D_{i,j}=\sqrt{(x_i-x_j)^2+(y_i-y_j)^2} \tag{6-11}$$

其中，$(x_j,\ y_j)$为与中心元胞$(x_i,\ y_j)$相邻的8个元胞的地理位置，可得距离影响因子$\delta_{i,j}$为：

$$\delta_{i,j}=\frac{D_{i,j}}{\sum_{j=1}^{8} D_{i,j}} \tag{6-12}$$

元胞受传染性P_o^t在t时刻与孢子接触率φ、环境变量密切相关，由温度适生指数c_i^t、降水量适生指数m_i^t、植被覆盖度V_i^t与孢子接触率φ的乘积求得：

$$P_o^t=\varphi c_i^t m_i^t V_i^t \tag{6-13}$$

其中，孢子接触率由美国、欧洲疫情地实测数据获取，对美国NA谱系，其实验数据为4.4 1/week(Meentemeyer等人在加利福尼亚州针阔混交林测得，Meentemeyer *et al.*, 2011)；对欧洲EU谱系，其实验数据为3.5 1/week(Harwood等在英国测得，Harwood *et al.*, 2009)。而孢子在元胞间进行传播时，其传播方向受风、水携带影响，与地表瞬时风场相关，而获取风场数据困难，且雨水飞溅的方向也难以确定。这里传播方向θ^t采用各向同性方式，由八邻域随机数确定。

由此，元胞C_i^t传递到相邻元胞C_j^t的概率为：

$$P_{i,j}^t=\lambda(1-\delta_{i,j})P_o^t\theta^t \tag{6-14}$$

当相邻元胞含潜在寄主时，$\lambda=1$，否则为0；$1-\delta_{ij}$代表元胞间相隔越远，其受传染概率比相隔较近的要低。对每个元胞引入时间参数$T_iS_i^t$，代表潜在寄主感染高峰期时间。由此，设单位步长为 1 周，在 $t+1$ 时步，当元胞内寄主感染高峰期时间 $T_i S_i^t \geq 1$ 时，受传染的元胞其状态以概率 $P_{i,j}^t$ 取状态 1，否则不受感染，状态为 0；当元胞内寄主感染高峰期时间 $T_i S_i^t < 1$ 时，元胞状态为 0。

6.4 “树流感”传播风险预警结果及分析

在各个典型示范区，“树流感”传播风险的预测预警所采用的方法不同，结果也存在显著的差异性。

6.4.1 美国加利福尼亚州

美国加利福尼亚州的“树流感”风险传播模拟和预警结果如图 6-8、6-9、6-10 所示。从图可以看出：2007 年，轨迹频率大于 5%的区域主要分布在加利福尼亚州中西部。其中轨迹频率为 5%～15%的区域主要分布在 Monterey、San Luis Obispo、Santa Barbara 等沿海郡；轨迹频率为 15%～20%的区域主要分布在 Stanislaus 郡、Merced 郡西部和 Santa Clara 郡东部区域；轨迹频率大于 20%的区域主要分布在 Solano、San Joaquin、Contra Costa、Yolo、Sacramento 等郡。2011 年，轨迹频率大于 5%的区域主要分布在加利福尼亚州的西北部，且呈条状分布。其中轨迹频率为 5%～15%的区域主要分布于 Monterey、San Luis Obispo、Kings、Fresno、Merced、San Joaquin、Contra Costa 等郡；轨迹频率 15%～20%的区域主要分布在 Solano、Colusa、Glenn 等郡；轨迹频率大于 20%的区域主要分布在以 Lake 郡为中心的区域。2015 年，轨迹频率大于 5%的区域主要分布在加利福尼亚州的 Shasta 郡到 Tulare 郡的条状区域，轨迹频率大于 20%的区域广泛分布于 Colusa 郡到 Fresno 郡的条状区域。

将加利福尼亚州 2008、2012、2016 年的“树流感”爆发点数据和基于 2007、2011、2015 年的爆发点数据得到的轨迹模拟结果进行叠加分析，并统计出各轨迹频率范围内的爆发点密度值（单位：个/万・km^2）。统计结果（表 6-2）表明加利福尼亚州 2008、2012、2016 年的“树流感”爆发点全部分布在轨迹频率值大于 0 的地方，其中轨迹频率值为 0～5%的区域“树流感”新爆发点密度值均是最小的。2008 年加利福尼亚州轨迹频率值>20%的区域“树流感”新爆发点密度最大，其值为 20.83 个/万・km^2。其次是轨迹频率为 10%～15%的区域，其值为 11.25 个/万・km^2。2012 年加利福尼亚州轨迹频率为 10%～15%的区域“树流感”新爆发点密度最大，其值为 107.23 个/万・km^2。轨迹频率值为 15%～20%的区域次之，其值为 70.48 个/万・km^2。2016 年加利福尼亚州轨迹频率值为 10%～15%的区域“树流感”新爆发点密度最大，其值为 99.62 个/万・km^2。其次为轨迹频率值>20%的区域，值为 25.00 个/万・km^2。从统计分析结果可以看出，在只考虑风为传播条件时，绝大多数情况下轨迹频率值大于 10%的区域新发生“树流感”的点密度较大。运用 Hysplit 模型预警“树流感”传播路径时，需要重点关注轨迹频率值为 10%～15%和>20%的区域。

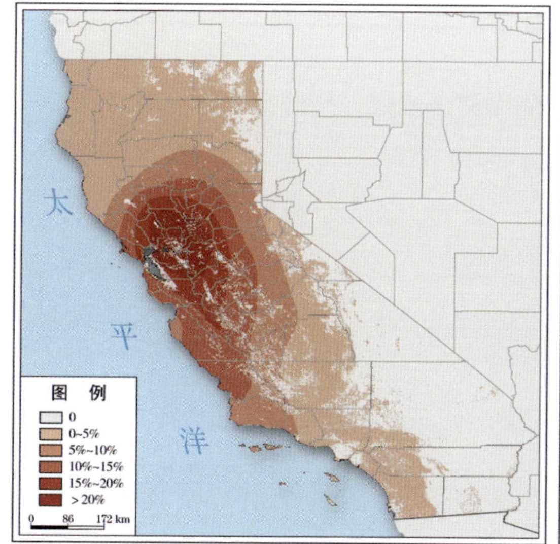

（a）2007年模拟结果

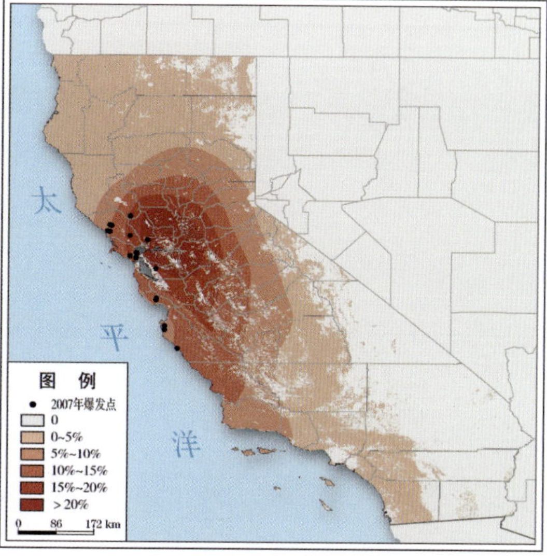

（b）2007年模拟结果和2007年爆发点叠加图

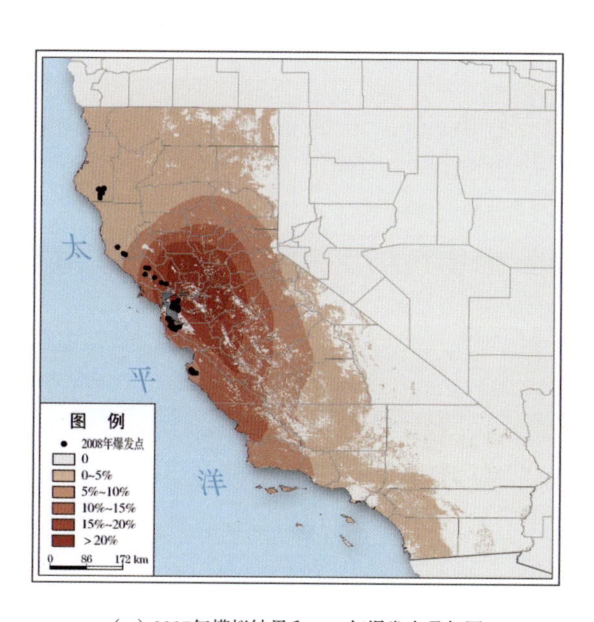

（c）2007年模拟结果和2008年爆发点叠加图

图 6-8 2007 年加利福尼亚州“树流感”轨迹模拟结果与爆发点叠加图

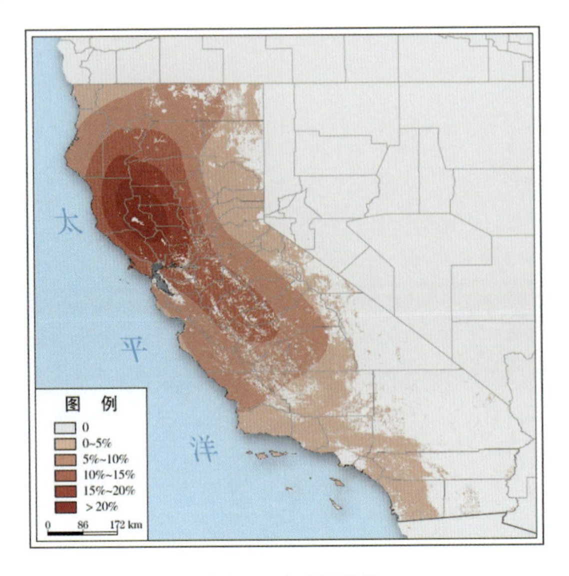

（a）2011年模拟结果

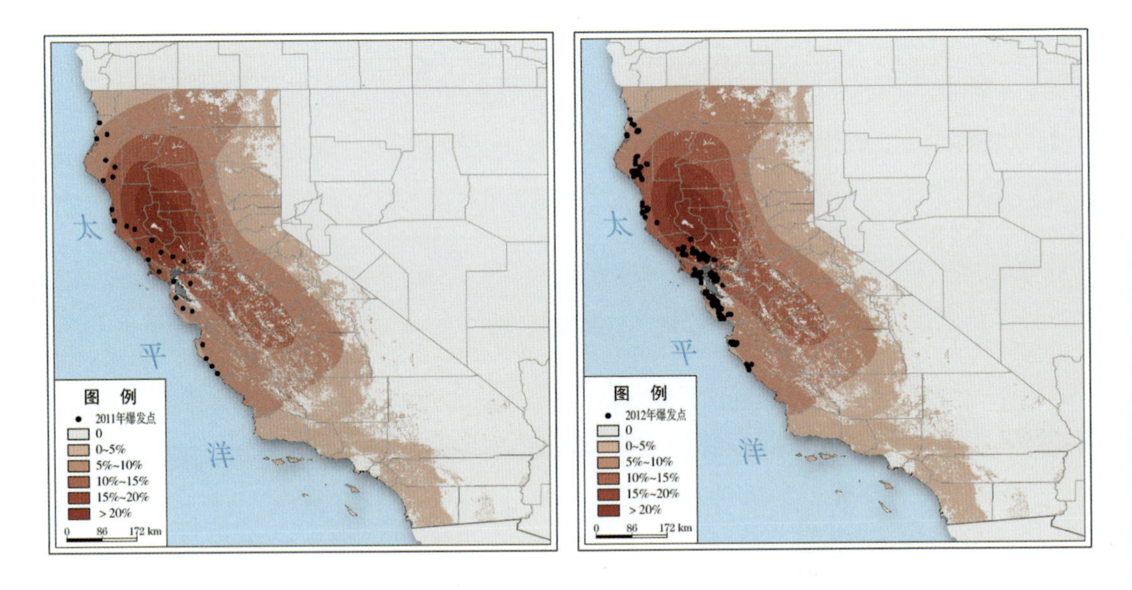

（b）2011年模拟结果和2011年爆发点叠加图

（c）2011年模拟图和2012年爆发点叠加图

图 6-9 2011 年加利福尼亚州"树流感"轨迹模拟结果与爆发点叠加图

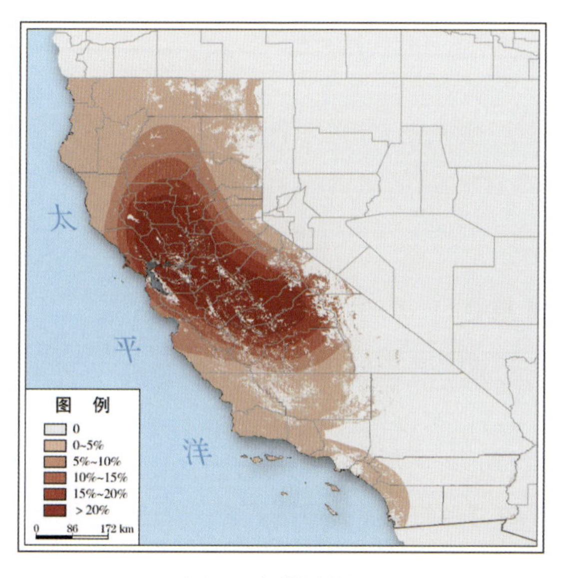

（a）2015年模拟结果

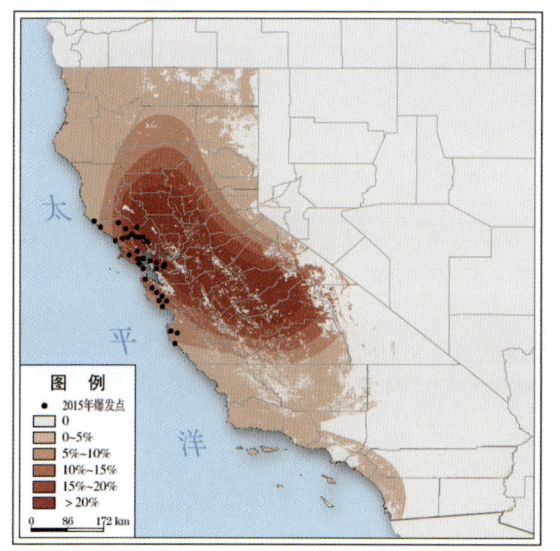

（b）2015年模拟结果和2015年爆发点叠加图

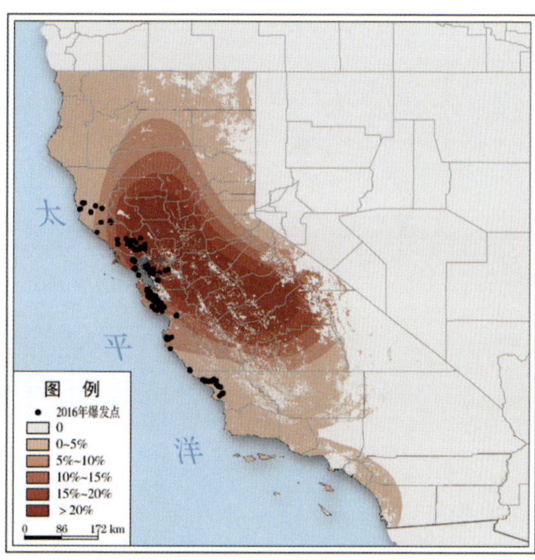

（c）2015年模拟结果和2016年爆发点叠加图

图 6-10　2015 年加利福尼亚州"树流感"轨迹模拟结果与爆发点叠加图

表 6-2 "树流感"轨迹模拟结果与次年爆发点叠加分析统计结果表(单位：个/万 km^2)

年份	轨迹频率值					
	0	0~5%	5%~10%	10%~15%	15%~20%	>20%
2008	0	1.68	9.00	11.25	9.44	20.83
2012	0	5.94	67.00	107.23	70.48	14.55
2016	0	4.68	7.71	99.62	10.87	25.00

6.4.2 中国东南沿海地区

基于上述研究对福建漳州港口地区的 4 个假设"树流感"爆发点进行一个月的传播轨迹模拟，从得到的结果(图 6-11)可以看出传播轨迹将会蔓延到浙江、江西、广东等地。其中轨迹频率大于 20%的区域主要分布在福州到厦门的福建省沿海地区以及永定县和上杭县地区，少部分分布在广东省北部的大埔县和饶平县；轨迹频率为 10%~20%的区域主要分布在福建省的中部区域，少部分分布在江西省会昌县和瑞金市等地，广东省北部的平远县、蕉岭县等地；轨迹频率为 0~10%的区域主要分布在江西南部及东部地区、浙江南部大部分区域、广东南部及东北地区、福建西北地区。

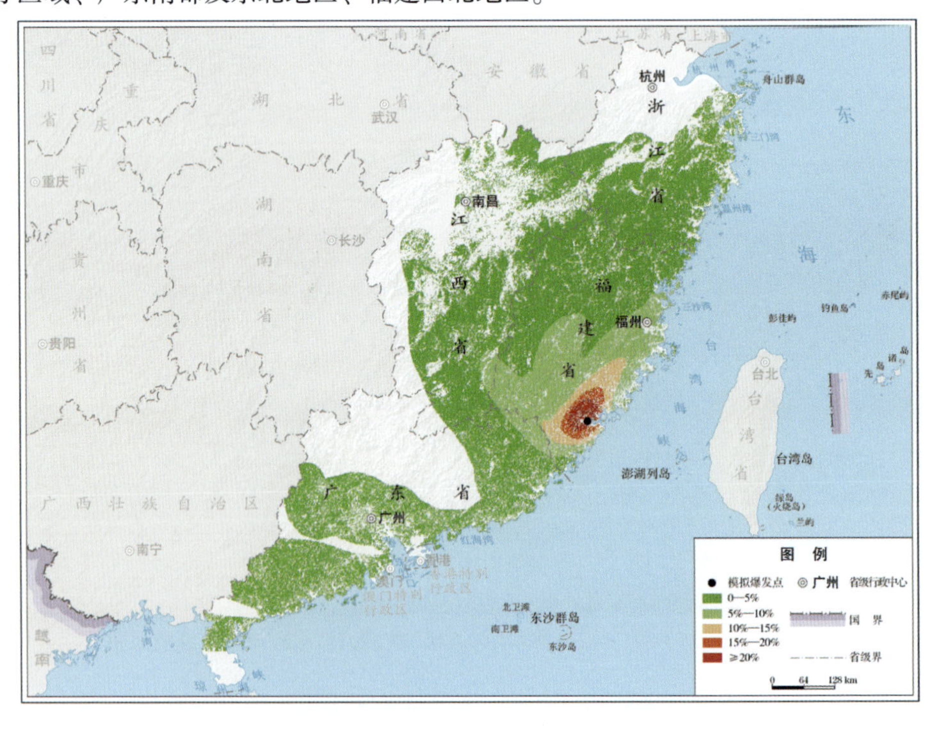

图 6-11 中国东南沿海地区"树流感"传播轨迹模拟结果图

6.4.3 中国云南省

在栎树猝死病菌潜在寄主物种分布区内，利用2013年逐周气象插值数据，基于SI模型理论架构元胞自动机，对中国典型高风险区——云南省内栎树猝死病菌的时空传播进行模拟。每个单元格网内寄主株数难以统计，单元格网内寄主株数设为500株，其值设为随机数N=[0，500]。根据上一节元胞状态转换规则，经反复调节参数，对栎树猝死病菌NA及EU谱系分布进行传播模拟，两者在相同位置假设植入10株初侵染菌源。除2种谱系的孢子接触率不同，且孢子在元胞间传动方向由随机数控制，其他参数一致。图6-12为NA谱系及EU谱系在云南省的传播模拟结果。

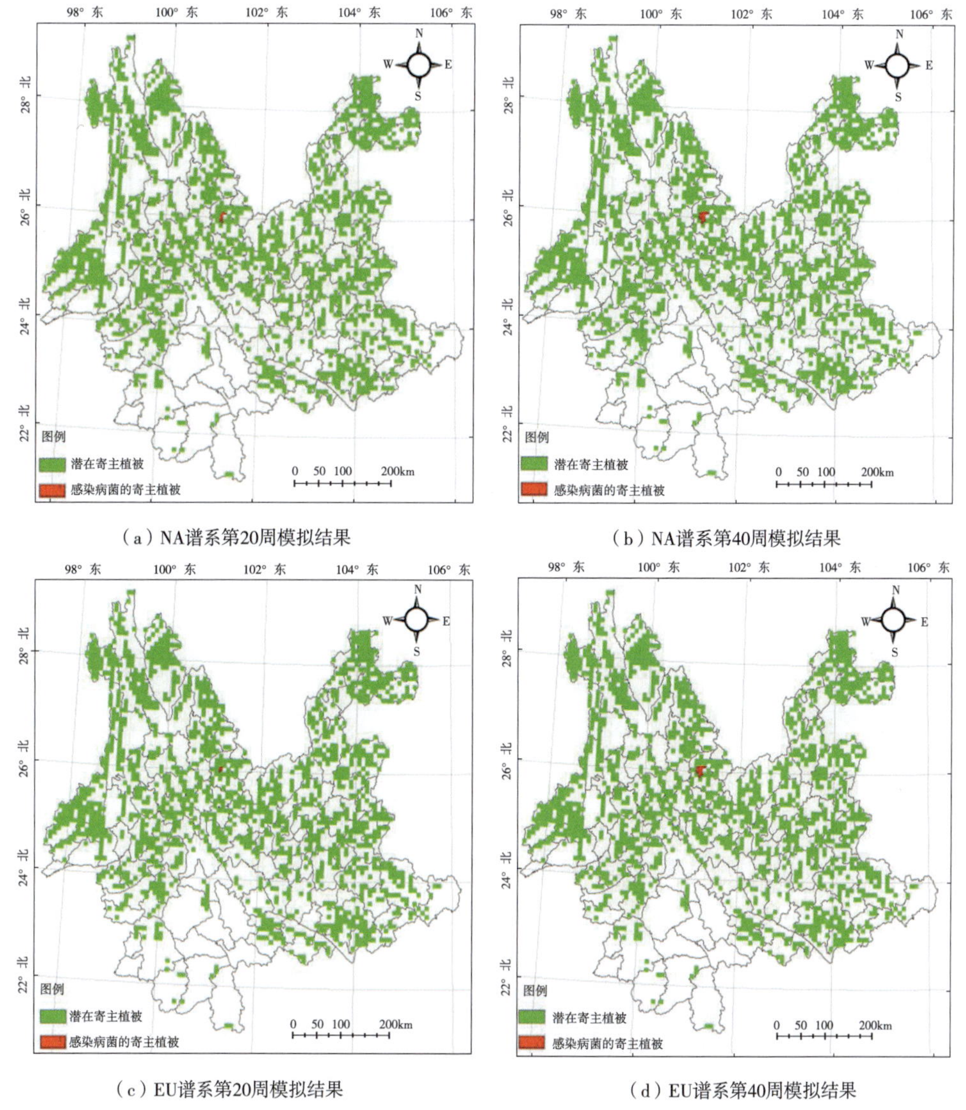

（a）NA谱系第20周模拟结果

（b）NA谱系第40周模拟结果

（c）EU谱系第20周模拟结果

（d）EU谱系第40周模拟结果

图6-12 NA/EU谱系在云南省传播模拟结果(2013年20/40周)

对每周病菌扩散新增面积进行统计，并与美国 2013 年栎树猝死病菌爆发情况进行比对，结果见图 6-13。这里由于欧洲地区未提供栎树猝死病爆发点月值统计数据，使得无

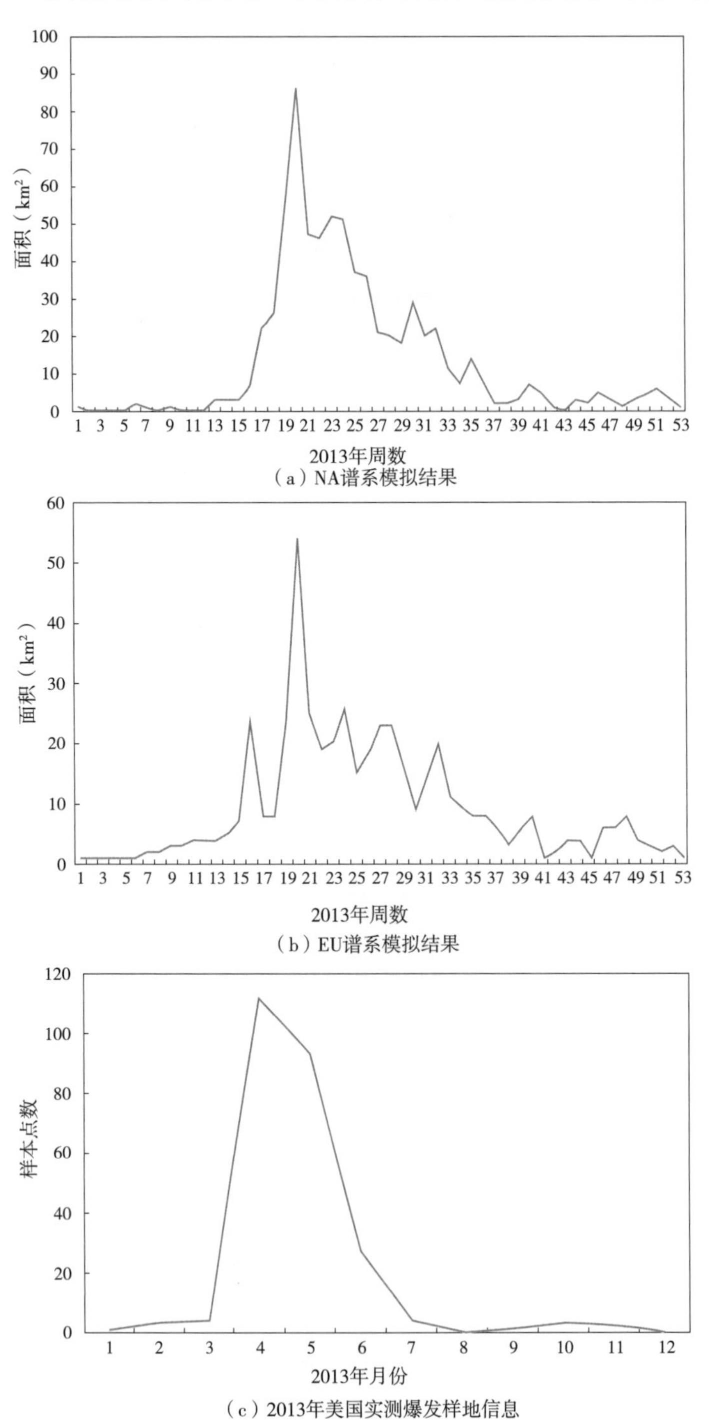

图 6-13　2013 年 NA/EU 谱系模拟结果及美国爆发监测数据

法获取 EU 谱系在一年内的爆发时间趋势。

基于 2013 年美国栎树猝死病菌爆发监测数据分析可知，病菌从 3~5 月繁殖速度加快，期间 4 月底 5 月初为病菌爆发高峰期，随后病菌数量开始减少，过了 7 月之后爆发点迅速减少，病菌数量变化是由于当地林业部门介入，直接导致病菌被几乎完全消灭。这里没有加入人为干扰，是为能完整观测该病菌在云南省自然传播机制。由栎树猝死病菌 NA 谱系在云南省传播模拟结果显示，在 1~11 周病菌生长缓慢，由 17 周开始进入快速生长繁殖期，在 21 周到达爆发峰值，后续增长逐渐减缓，伴随有 24、30、36 周的爆发小高峰期，在 37 周之后其增长逐渐趋于低谷；对栎树猝死病菌 EU 谱系在云南省传播模拟结果显示，EU 谱系在第 7 周之后其增长速度已经开始变大，在 16 周有一个小爆发点，于 20 周到达爆发峰值，在 24~32 周都保持一定的传播速率，后续趋于平缓。

本节通过对 2 种栎树猝死病菌谱系在中国云南省进行时空传播模拟发现，EU 谱系侵染寄主面积比 NA 谱系低，其侵染峰值相差 $32km^2$。受孢子接触率影响，NA 谱系产生孢子的接触率高于 EU 谱系，故 NA 谱系侵染面积比 EU 谱系要高。但本节传播模型为随机模型，其中传播方向为随机数，两类谱系侵染寄主面积差值不一定为定值。通过第三章中对栎树猝死病菌爆发的波动周期及季节性波动特征研究，本节模拟的两种谱系都较好地与在爆发地的季节波动吻合。基于本章的研究结果，可以推断假如栎树猝死病菌侵入中国，对感染栎树猝死病菌的寄主采取防治措施的时间应在 4~6 月之前，防止其到达爆发高峰期；对已侵染寄主可采用化学及物理防治结合的办法，最好是将周围 100m 内寄主全部砍伐、火烧，并对地表土壤进行火烧，以彻底杀死栎树猝死病菌。

6.5 小结

本章首先分析了国外栎树猝死病菌传播机制，确认其孢子形成、扩散、存活等特性。其次，使用 Hysplit 前向轨迹模式和气象数据分别对美国加利福尼亚州 2007 年 7 月、2011 年 7 月、2015 年 7 月进行了持续一个月的轨迹模拟。将模拟结果和次年的"树流感"爆发点进行叠加分析。最后运用同样方法对中国福建漳州港的 4 个假设爆发点进行了一个月(2016 年 4 月)的轨迹模拟。研究结果表明，在只考虑风为传播条件时，绝大多数情况下轨迹频率值大于 10%的区域新发生"树流感"的点密度较大。运用 Hysplit 模型预警"树流感"传播路径时，需要重点关注轨迹频率值为 10%~15%和>20%的区域。对福建漳州地区的研究结果表明轨迹频率大于 20%的区域主要分布在福州到厦门的福建省沿海地区以及永定县和上杭县地区，少部分分布在广东省北部的大埔县和饶平县。轨迹频率为 10%~20%的区域主要分布在福建省的中部区域，少部分分布在江西省会昌县和瑞金市等地，广东省北部的平远县、蕉岭县等地。此外，以云南省为例，利用遥感数据、气象数据，基于 SI

模型架构元胞自动机对云南省“树流感”的时空传播进行了模拟，实现了“树流感”在云南省 2013 年逐周的空间扩散模拟。结果表明，“树流感”病菌能在我国典型高风险区定殖，危害面积及扩散速度较快，并在 4~6 月到达爆发高峰期。本章的研究能够为“树流感”等森林病虫害宏观战略决策提供技术支持。

第7章

“树流感”爆发风险预测预警软件系统

“树流感”爆发风险预测预警软件系统以目标区域的地理环境和历史气象条件、基础地图数据为数据源，对“树流感”病菌在目标区域内的适生度进行计算评估，并利用 GIS 技术的空间分析、空间数据管理等功能对“树流感”的爆发进行预测，并计算其在中国的潜在适生区。

7.1 系统功能及用途

该系统能够模拟和预测"树流感"的时空分布及传播规律，识别我国"树流感"的潜在爆发高风险区，并及时对"树流感"的爆发进行预警，防患于未然，最大限度地保护我国森林资源和生态环境安全。

该系统采用 C++语言开发，在 Windows 操作系统中运行。软件应用了 Qt 界面开发包制作用户界面（UI），并采用 COM 组件技术将 ArcGIS Engine 软件开发包和 Qt 界面进行嵌套开发。

软件采用 MaxEnt 模型和 AHP 模糊综合估计方法对"树流感"爆发风险进行分析和评估，并结合 ArcGIS 的二次开发包实现了地理、环境数据读取(包括矢量格式和栅格格式)、数据可视化(平移、漫游、全景)、内存数据管理、"树流感"因子分析计算、"树流感"分布图内插、渲染、分析以及结果输出等功能。"树流感"爆发风险预测预警软件系统的功能模块如图 7-1 所示。

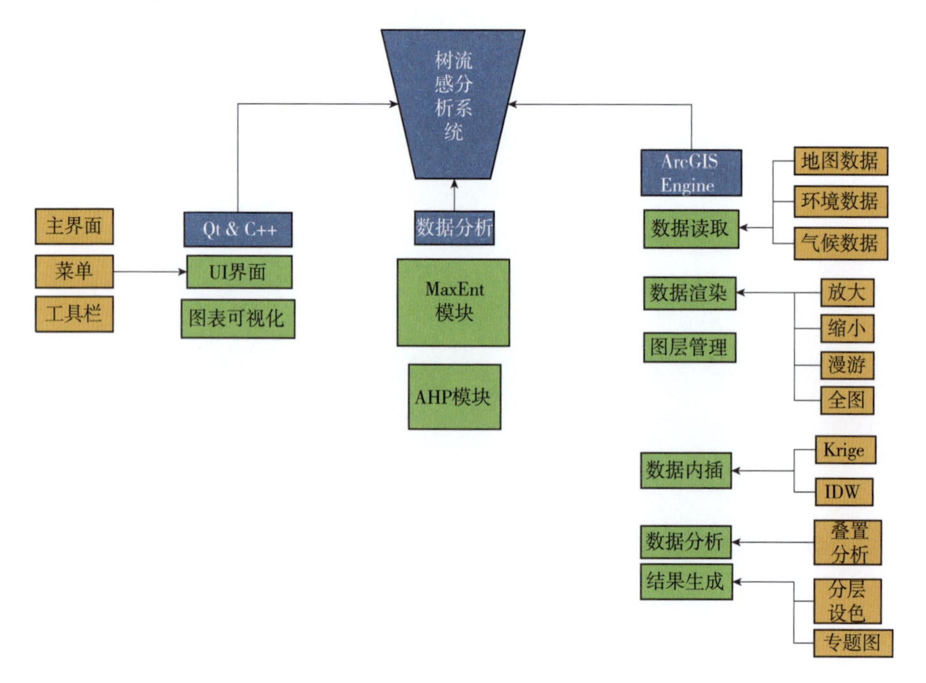

图 7-1 "树流感"爆发风险预测预警软件系统的功能框图

软件的主要功能如下：

①地理、气候历史数据的读取、管理(支持 shp 矢量格式以及 bmp、tif、bil 等栅格数据)。

②矢量格式及栅格格式数据的可视化，支持栅格数据渐变渲染、分级渲染、灰度渲染

以及地图的平移、缩放、漫游和图层的管理。

③支持 xls 格式的历史气象数据的导入，并根据历史气象数据进行隶属度计算，获得树流感的综合适生度。

④支持矢量点数据的插值，生成栅格影像。

⑤支持基于栅格影像的树流感爆发点分级地图生成。

7.2 系统安装、运行与设置

本系统的安装简便，运行直观易懂，设置方便，具有很强的科学性和可操作性。

7.2.1 软件安装

运行 ArcEngine_Setup 目录下的 ESRI. exe，如图 7-2 所示。先选择安装 ArcGIS Engine，再点击安装 ArcObjects SDK，然后一直点"下一步"，直至"结束"。准备好主程序安装文件，执行安装包文件 SODAPS_Setup. exe，默认安装下去，即可安装成功。

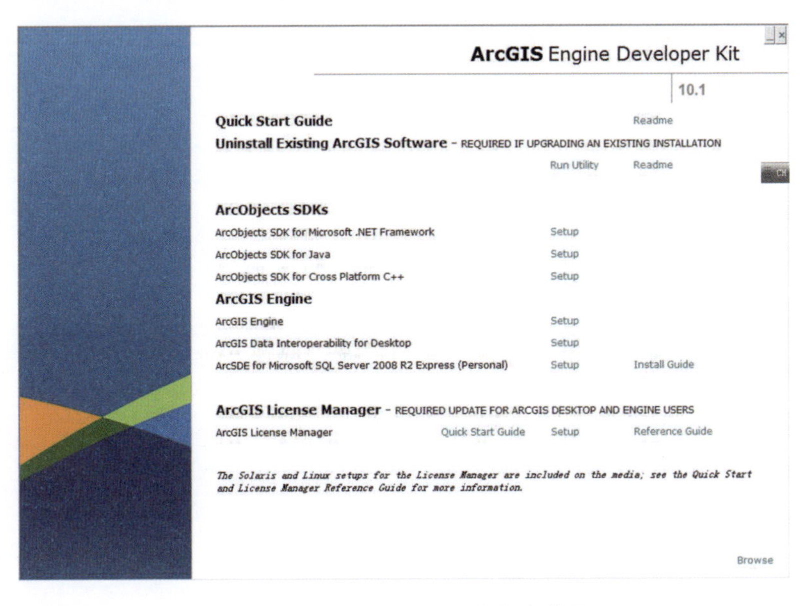

图 7-2　ArcGIS Engine 开发包安装界面

7.2.2 软件运行

安装成功后，在安装文件夹中点击程序的可执行文件 sodaps. exe，软件系统就开始运行了。首次启动该软件时，整个系统只是一个没有任何数据的平台，主界面如图 7-3 所示。

系统的功能体现在用户界面的菜单中，软件包括三个菜单：文件、模型和设置。软件的主界面有两个窗口，左边较小的是图层管理窗口，右边较大的是图形和图像显示窗口。

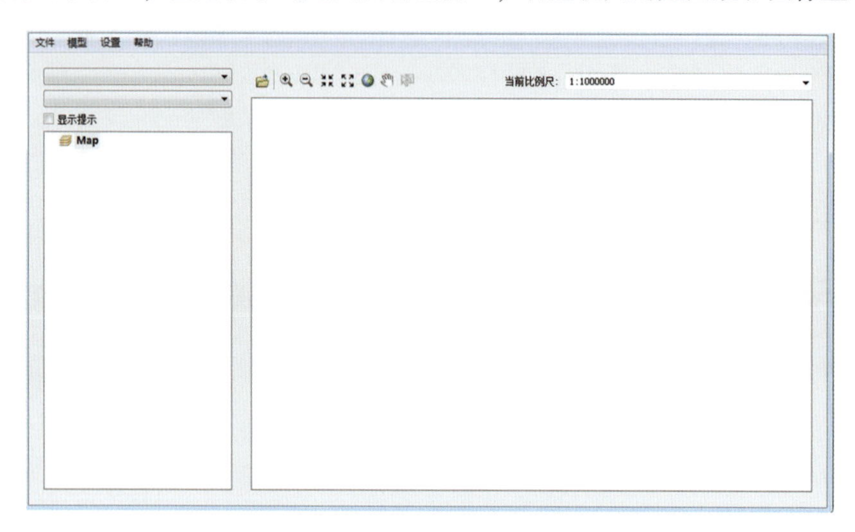

图 7-3 软件启动后的初始界面

7.2.3 系统设置

(1)设置模型路径

本模块设置外部程序(实现 MaxEnt 模型)的启动路径。

具体操作为点击菜单栏的"设置"→"设置路径"，在弹出的对话框内设置相应模型的启动路径如图 7-4 所示。

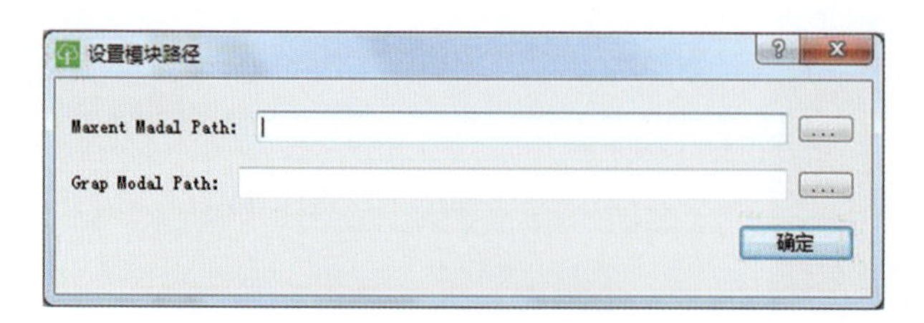

图 7-4 模型路径设置

(2)分层设色

本模块对当前窗口中的地图进行分层设色，生成"树流感"在目标区域(例如中国)的适生分级图。

具体操作为在左边的图层管理窗口中选择图层，点击菜单栏的"设置"→"分层设色"，结果如图 7-5 所示。

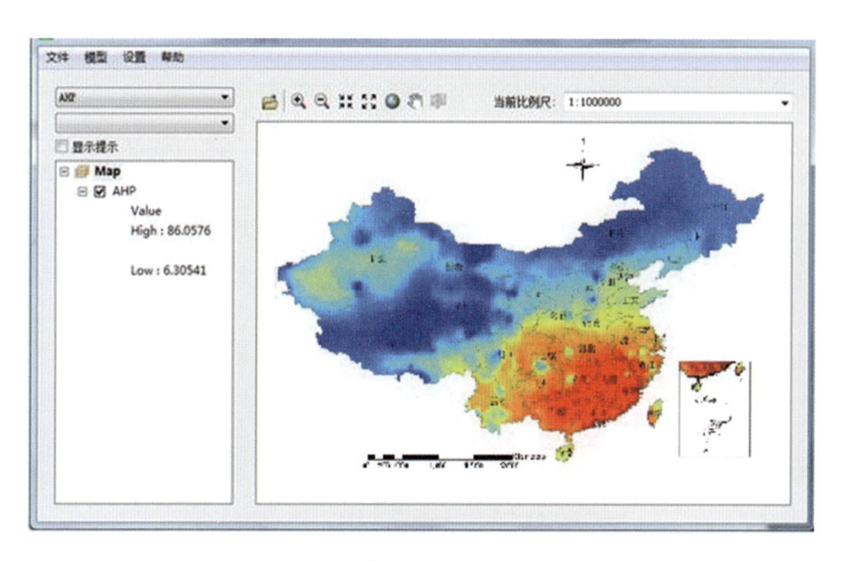

图 7-5 “树流感”适生分层设色图

(3)平滑设色

本模块对当前窗口中的地图进行分层设色，生成“树流感”在目标区域(例如中国)的适生度分布图。

具体操作为在左边的图层管理窗口中选择图层，点击菜单栏的“设置”→“平滑设色”，结果如图 7-6 所示。

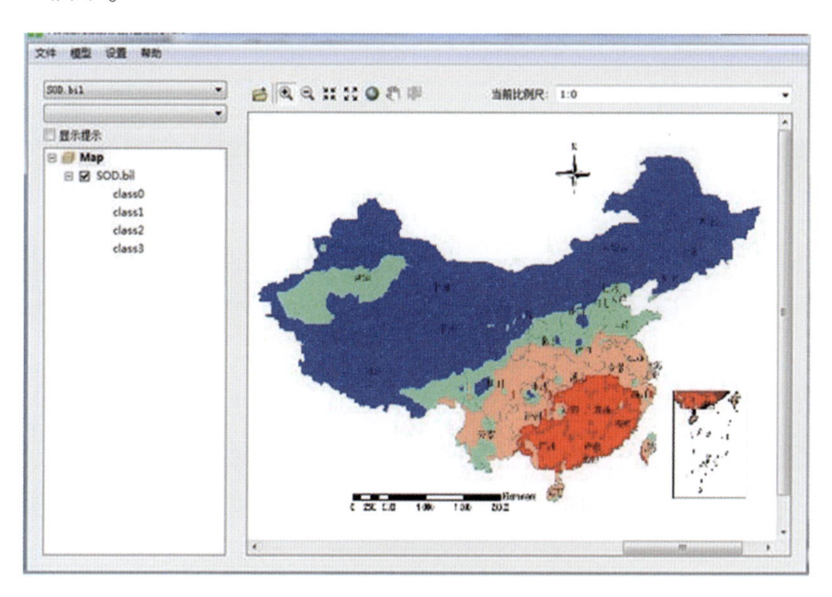

图 7-6 “树流感”适生度分布平滑设色图

7.3 数据和文件

本系统所用的数据包括空间数据和属性数据(即环境背景因子多源数据集)两类数据。空间数据主要是基础地理区划数据和爆发点分布数据(GPS 点位坐标),环境背景因子多源数据集包括气象数据、遥感数据、寄主植物分布数据、野外实地调查数据。空间数据建立需要借助于 ArcMap,对调查点位图分别矢量化为评价网格,系统在进行风险分析和评价后,结果将以矢量化色块图的形式显示在屏幕上,色块的不同颜色代表不同的“树流感”适生等级。

7.3.1 文件类型

本软件支持 shp 和 mxd 等格式的矢量数据以及 bmp、tif、bil 等格式的栅格数据,还支持 xls 和 txt 格式的文本数据。

7.3.2 加载数据

本模块导入软件支持的数据文件,包括 * . shp、 * . mxd、 * . lyr、 * . bmp、 * . bil、 * . tif 等矢量数据和栅格数据。

具体操作为点击菜单栏的“文件”→“打开数据文件”,弹出打开文件对话框(图 7-7),在右下角文件格式下拉框中选择要加载的文件格式类型,然后在对话框中选择目标文件,点击确定即可加载当前选择数据。

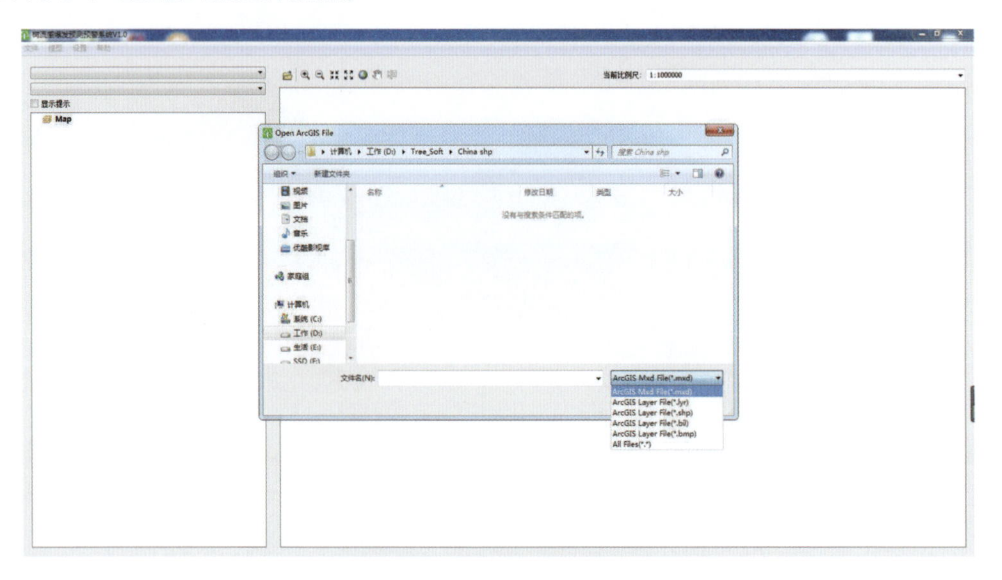

图 7-7 “加载数据”对话框

例如当系统加载一幅带多个图层(大洲、城市)和人口信息的世界地图数据后，右边窗口的显示内容如图 7-8 所示。

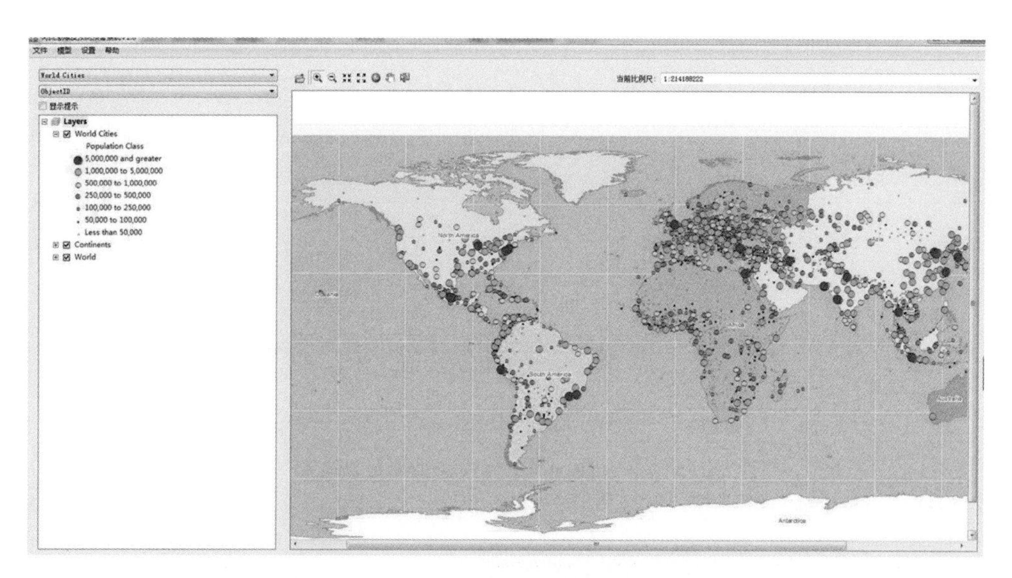

图 7-8 系统加载世界地图后的显示结果

7.4 "树流感"爆发点数据的加载和显示

对全球历史和最新的"树流感"爆发点数据进行批量加载，并与全球地理数据关联，在世界地图上显示"树流感"爆发点的时空分布。

7.4.1 批量加载爆发点数据

本模块成批导入全球范围内各地区(主要是欧洲和美国)历年"树流感"爆发点数据(*.shp 文件)。

具体操作为点击菜单栏的"文件"→"加载爆发点数据集"，弹出加载文件对话框(图 7-9)，在右下角文件格式下拉框中选择要加载的文件格式类型，然后在对话框中选择目标文件，点击确定即可加载当前选中的爆发点数据集。接下来打开世界地图文件，这样成批加载的"树流感"爆发点全部显示在世界地图上，如图 7-10 所示。

7.4.2 爆发点数据的逐年显示

本模块以年度为单位，对全球范围内各地区的"树流感"爆发点进行汇总并逐年显示。

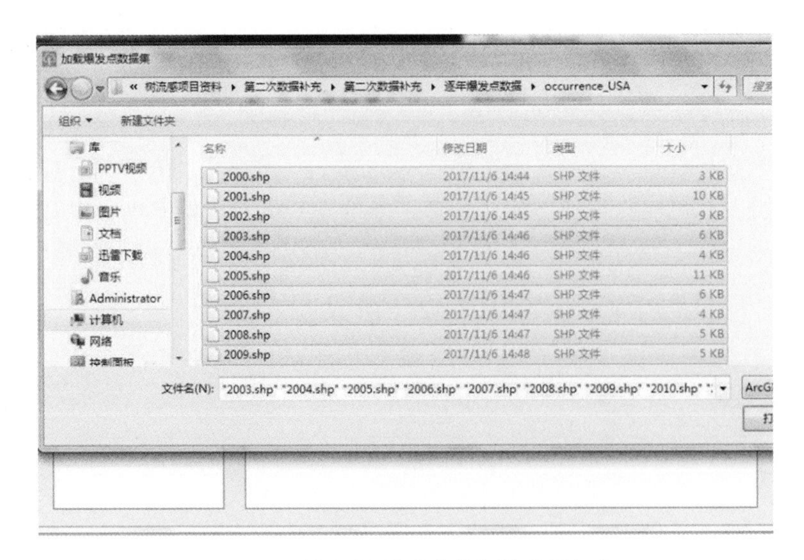

图 7-9 “树流感”爆发点数据的批量加载

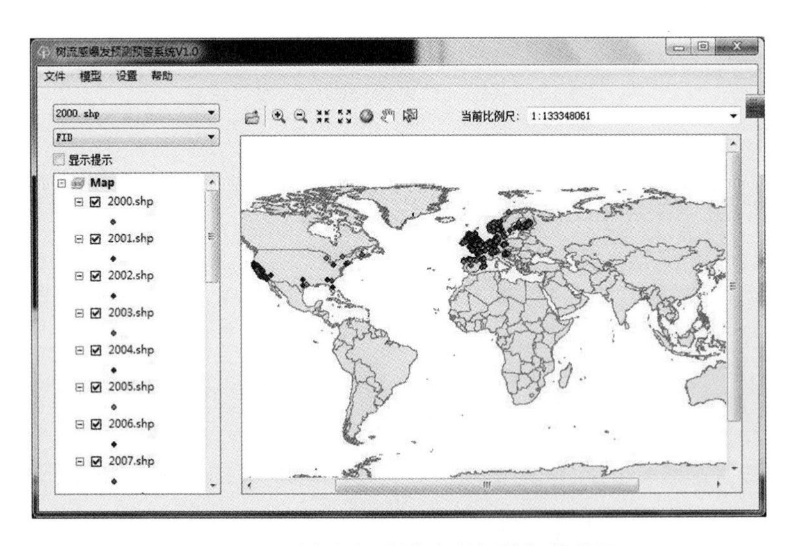

图 7-10 “树流感”爆发点数据的加载结果

具体操作为点击菜单栏的“文件”→“逐年显示爆发点数据”，弹出年份选择对话框，选择要查看的年度，点击“确定”按钮即可显示当前年度、全球范围所有的爆发点的空间分布图。

7.5 基于模型的风险分析和结果显示

本系统采用主流的生态位模型，以环境背景因子多源数据集或专题图层作为条件，对

"树流感"的空间分布进行分析，并对其爆发风险进行预测和评估，以图示显示分析评价结果。GIS平台与分析数据的有效集成，就是系统模型构建的过程。生态位是一个物种所处的环境及其本身生活习性的总称，每个物种都有自己独特的生态位，借以与其他物种相区别。生态位模型正是试图用数学模型描述物种的生态位需求，用数学方法拟合或模拟物种的潜在地理分布，并根据目标地区的各种环境条件进行生态位空间投影以分析物种的适生性。系统采用MaxEnt模型和AHP模糊综合评价法来实现"树流感"的预测分析功能，如图7-11所示。

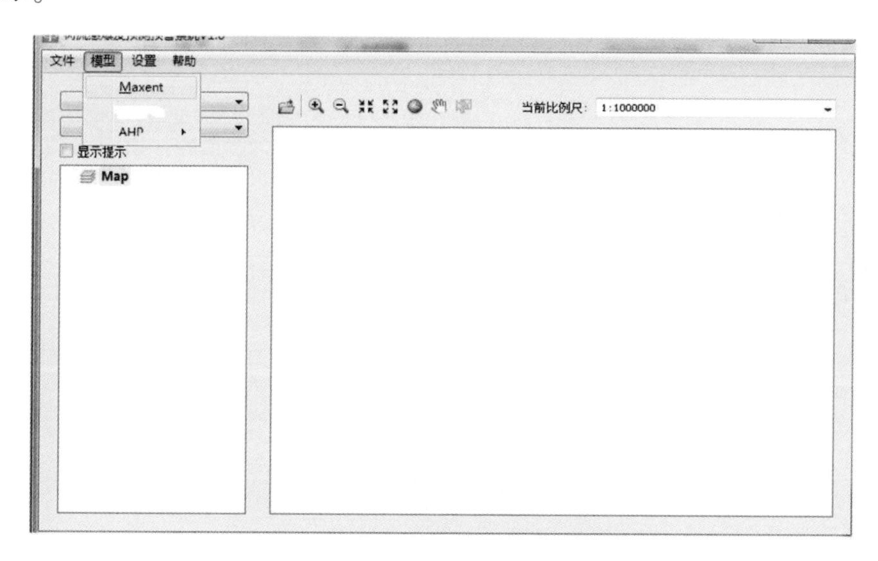

图7-11　软件系统采用的预测模型

7.5.1　基于MaxEnt模型

MaxEnt模型把研究区所有单元作为构成最大熵的可能分布空间，将已知物种分布点的单元作为样点，根据样点单元的环境变量，如：气候变量、海拔、地形、土壤类型、植被类型得出约束条件，寻找此约束条件下的最大熵的可能分布(即寻找与物种分布点的环境变量特征相同的单元)，据此来预测物种在目标区的分布。

本模块调用MaxEnt数据分析模块，打开MaxEnt程序的主界面，加载数据后，运行模型，进行背景数据(主要是环境因子)的分析和处理。

具体操作为点击菜单栏的"模型"→"MaxEnt"，即可弹出MaxEnt程序的主界面(图7-12)，进行基于MaxEnt模型的"树流感"爆发风险分析。

在MaxEnt程序中，导入.asc格式的爆发点数据(即图7-12中的Samples)和环境因子数据(即图7-12中的Environmental layers)，得到图7-13。

接着在输出文件夹（Output Directory）中选择输出路径；然后点击Settings按钮，在对

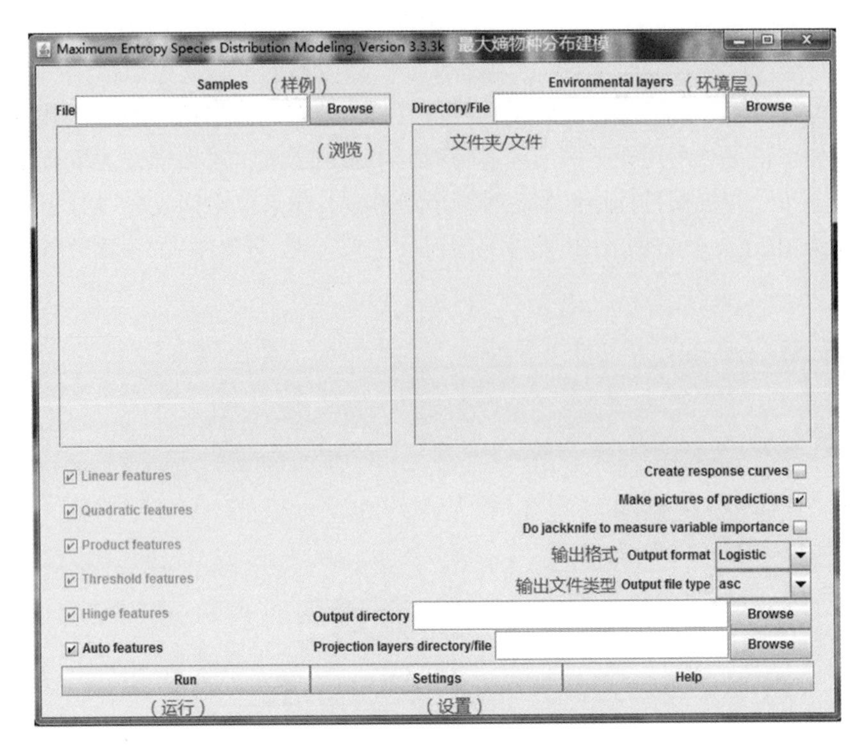

图 7-12　MaxEnt 程序的用户界面

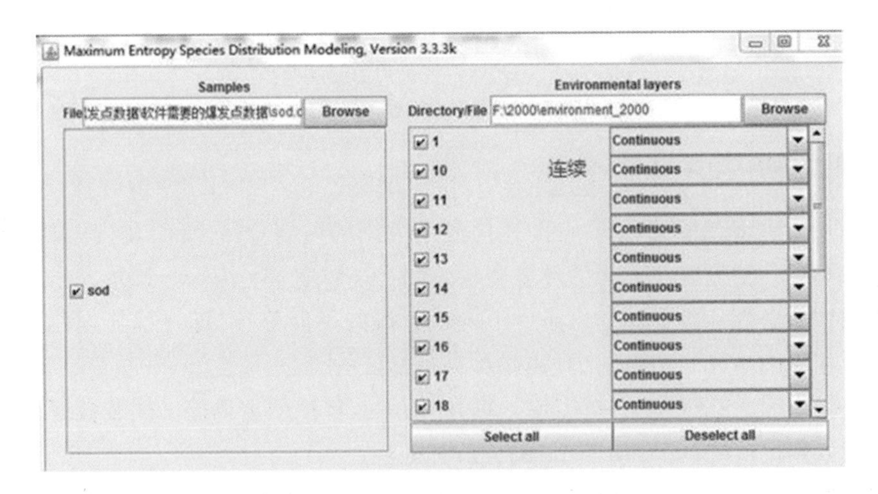

图 7-13　变量选择界面

话框中 Basic 下的 Random test percentage 后面的文本框中填写数字 25，其他参数可以不用设置(图 7-14)。最后点击运行(Run) 即可启动 MaxEnt 分析计算过程。

MaxEnt 模型运行结果如图 7-15 所示。

Maximum Entropy Parameters 最大熵模型参数

Basic | Advanced | Experimental

（基本设置）

☐ Random seed

☑ Give visual warnings 可视化警告

☑ Show tooltips 显示提示消息

☑ Ask before overwriting 在写覆盖之前询问

☐ Skip if output exists

☑ Remove duplicate presence records 删除重复的存在记录

☑ Write clamp grid when projecting 投影时写入网格

☑ Do MESS analysis when projecting 投影时进行MESS分析

Random test percentage 随机测试百分比 25

Regularization multiplier 1

Max number of background points 10000

Replicates 重复次数 1

Replicated run type 重复运行类型 Crossvalidate （交叉验证）

Test sample file Browse

图 7-14 MaxEnt 模型参数设置界面

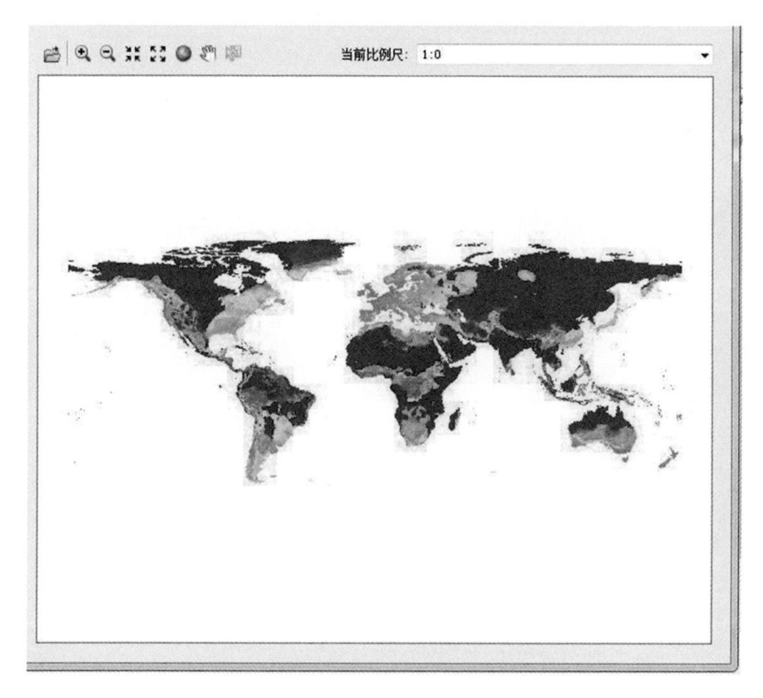

图 7-15 MaxEnt 模型的运行结果

7.5.2 基于AHP模糊综合评价方法

AHP模糊综合评价方法是将层次分析法和模糊综合评价结合起来，使用层次分析法确定评价指标体系中各指标的权重，用模糊综合评价方法对模糊指标进行评定。模糊综合评判模型的基本原理是：首先确定被评价对象的评价因子集和评判标准集；然后建立每个因子的权重和隶属度函数，经模糊变换建立模糊关系矩阵；最后经模糊运算并归一化处理求得模糊综合评判结果集，从而构建一个综合评判模型。

7.5.2.1 基于AHP方法的数据分析

本模块根据历史气象要素数据(月均降水量、月均最高温、月均最低温、月均平均湿度)，计算各个气象台站的隶属度因子，用于评估“树流感”病菌在该气象台站所代表区域的适生情况。

具体操作为点击菜单栏的“模型”→“AHP”，弹出如图7-16所示对话框，对其中各项气候要素数据(Excel格式)进行导入，并设置评价因子的权重，最后生成如图7-17所示结果。

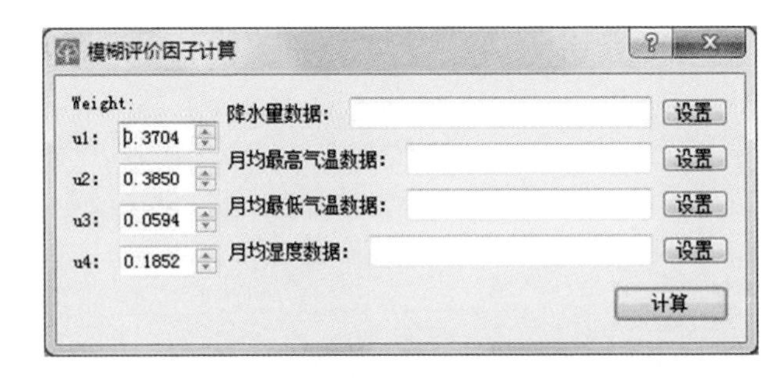

图7-16 模糊评价因子计算对话框

模糊综合评价指数

	台站号	u_1	u_2	u_3	u_4	Y
1	50246	0.4147	0.192	0.1429	0.5117	0.3307
2	50349	0.4217	0.1875	0.1429	0.4913	0.3278
3	50353	0.4155	0.2098	0.1429	0.4904	0.334
4	50425	0.399	0.2	0.1429	0.5871	0.342
5	50434	0.4097	0.1768	0	0.5908	0.3292
6	50442	0.4206	0.2125	0.1429	0.4783	0.3347
7	50468	0.437	0.2152	0.1429	0.4525	0.337
8	50514	0.3917	0.2036	0.1429	0.52	0.3283

图7-17 模糊评价因子计算结果

7.5.2.2 栅格内插

本模块根据导入矢量点的平面位置和该位置对应的隶属度因子，对该矢量数据集进行克里金插值计算，获取该矢量区域的“树流感”适生度分布栅格图。

具体操作为点击该菜单，弹出如下对话框(图7-18)，对矢量点图层、裁剪图层和内插方法进行设置，点击“确定”，即可生成“树流感”适生度因子空间分布的栅格图像，如图7-19所示。直接计算得到的适生度Y范围为[0，1]，为了使结果更具可读性，把结果范围线性拉伸到[0，100]。其中，适生度值越趋于100，表示适生度越高，适生度值越趋于0，表示适生度越小。

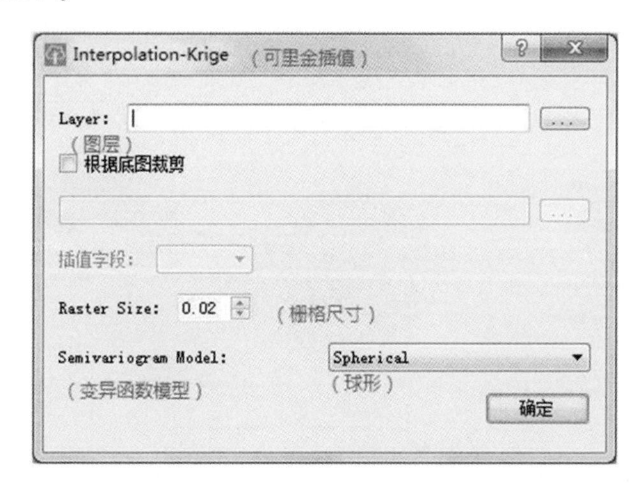

图7-18 克里金插值对话框

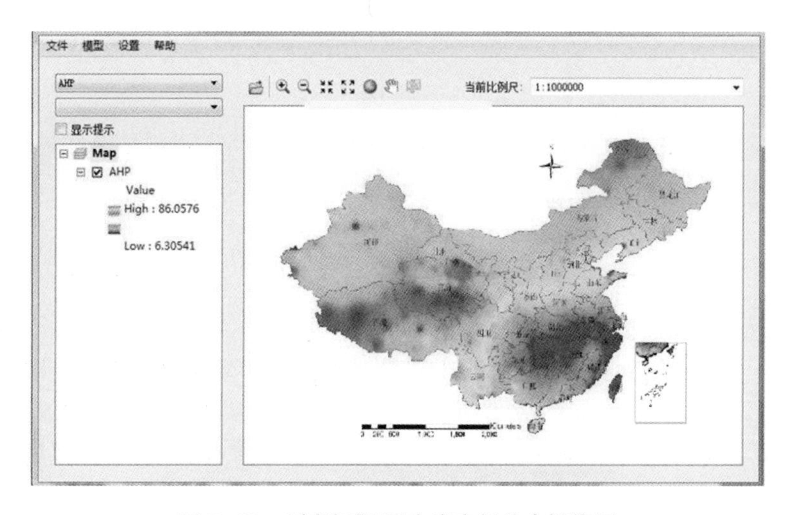

图7-19 “树流感”适生度空间分布栅格图

7.5.2.3 适生度分级

在“设置”菜单中点击“分层设色”选项，就能将上述步骤产生的“树流感”适生度数值进行分级。这里把“树流感”的适生等级分为 4 个层次，分别为：最适宜区域、中等适宜区域、不适宜区域、极不适宜区域。采用常用的等差法进行分级，即对适生值的大小 Y 做出划分标准：Y> 80 为最适宜；60<Y<80 为中等适宜；40<Y<60 为不适宜；Y<40 为极不适宜。

在系统中对适生度分布结果进行分类，得到如图 7-20 所示的“树流感”在中国的适生分级图。

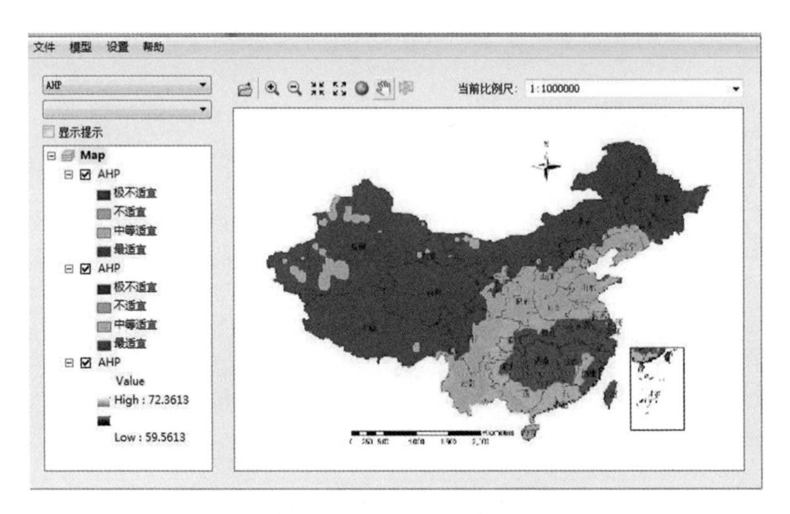

图 7-20　“树流感”在中国的适生分级图

7.5.2.4 风险分级图的统计分析

对中国区域内“树流感”各个适生分级区域进行统计分析，可以估算区域面积，并计算适生度的均值、中值、方差等统计指标。

7.6 小结

本章介绍了“树流感”爆发风险预测预警软件系统的研发过程、功能界面和结果演示。首先阐述了系统功能及用途，然后介绍了系统安装、运行与设置、数据的加载和界面的操作流程等，最后分别展示了基于 MaxEnt 模型和 AHP 模糊综合评价方法的“树流感”风险预测和分析可视化结果。

第8章

“树流感”爆发风险遥感诊断展望

本书通过分析“树流感”病菌的时空分布规律及环境影响因子，预测其在全球的适生区域，并对该病菌在全球和中国的爆发和传播风险进行短期和中长期的预测预警和遥感诊断，取得了一定成果，能够为保护我国森林资源、保障国家林业生态安全提供技术服务，但仍然有较大的改进和完善空间。

8.1 “树流感”风险评估指标因子扩展

通过收集与处理全球历史及最新的“树流感”爆发点数据以及相关地理、寄主植物、气候、遥感等数据，建立了全球和全国尺度“树流感”环境背景因子数据集，分析了爆发点数据与相关环境背景因子数据之间的时空动态关联，对全球“树流感”病菌不同演化谱系的时空分布和适生状况进行了研究，对其在全球和中国的爆发和传播风险进行了遥感诊断。

基于 AHP-模糊综合评价方法与气候相似性分析方法进行病菌适生性分析时，主要选择了累年月均降水量、月均最高气温、月均最低气温和月均相对湿度 4 个气候变量。在基于 MaxEnt、GARP、GLM 及 SVM 等模型对全球“树流感”病菌潜在爆发风险进行预测预警时，主要使用了全球生物气候变量 Bio、Bio+LAI(叶面积指数)两套数据，其中生物气候变量数据 Bio 为年均温、等温性、年均降水量等 19 个生物气候变量(表 3-2)及其经过主成分分析后的前七个主成分变量。在风险评估定量分析方法方面，采用主流文献中主要使用的风险评估指标体系，其中包括国内的分布状况、潜在的危害性、受害寄主的经济重要性、移殖的可能性、危险管理的难度 5 个一级指标，潜在的经济危害性、是否为其他检疫性有害生物传入的媒介、国外重视程度、我国出入境检疫重视程度、受害栽培寄主的种类等 15 个二级指标。

选择以上风险评估指标因子进行全球和中国范围内“树流感”爆发风险的预测预警，但一方面这些指标以生物气候变量为主，植被方面仅考虑了寄主植被的分布以及 LAI 变量，没有考虑更多的植被、地形、地貌等指标因子；另一方面，随着全球航空、航海、铁路、公路等交通网络的飞速发展，“树流感”病菌在全球范围的传播和入侵更加紧密地依赖于交通网络的分布和延伸，此外，各国各地区对于木材和观赏植物的进出口贸易政策和管理的变化以及检验检疫措施的重视和使用在很大程度上对于该病菌的传播也产生巨大的影响，这些社会经济指标因子在今后的适生性分析和风险预测、传播模拟和预警上需要给予足够的重视。最后，在全球、中国、典型区域等多尺度上的研究和分析需要更加匹配其尺度的数据和指标因子的输入，结合多源遥感数据等数据源的日益丰富，遥感、地理信息系统等空间信息技术的快速发展，今后将更多地考虑尺度效应对于风险分析和预测预警的影响，并在不同尺度上验证结果的精度和可靠性。

8.2 “树流感”风险预测预警模型发展

本书的风险分析主要是基于生态位模型开展的。生态位模型根据物种分布数据存在与否，可分为存在—不存在模型与存在模型；由模型方法又可分为相关模型与机理模型，其中，相关模型又可分为识别模型与剖面模型，识别模型需要两类物种分布数据(存在、不存在)，而剖面模型只需要存在数据即可(表5-1)。研究选取四个风险预测模型，MaxEnt与GARP为存在模型，GLM与SVM为存在—不存在模型，均为两类模型的代表。"树流感"时空传播模拟和预警则是基于Hysplit模型和元胞自动机模型开展的。这些模型类型多样，目前并无哪种模型是最优模型的定论，大部分研究都是针对多种模型进行对比分析，从而结合具体的应用需求决定使用最好的预测结果或将不同预测结果进行组合。

在今后的研究中，需要在模型中输入更为精细的寄主植被分布、更广泛的生物气候变量和交通、人口、贸易、检验检疫等指标因子，同时考虑引入其他动力学系统如多智能体、复杂网络以及基于大数据的深度学习算法等进行风险预测分析及时空传播模拟。

8.3 空间信息技术应用于"树流感"环境因子及寄主植物提取

本书利用遥感和地理信息系统等空间信息技术，结合生态位模型及地理统计模型，基于"树流感"病菌的适宜生存条件、参考其寄主植物种类和国际上已发生病害的地区分布，分析影响"树流感"分布及传播的主要环境因子，并对其在全球的适生区范围进行划分，基于多源遥感数据综合反演寄主植被的叶面积指数等参数，建立"树流感"风险预测模型，开发风险预测的动态演示系统；结合先验知识和测试分析数据，判断树种是否可能感染"树流感"，通过实地森林调查验证，对"树流感"的爆发风险进行预测预警。

随着计算机网络、物联网、大数据等高新技术的飞速发展，遥感和地理信息系统等空间信息技术的进一步完善为"树流感"等森林病虫害的风险分析和预测预警研究提供了全新的研究模式与技术手段。随着高光谱遥感、高分辨率遥感、激光雷达和合成孔径雷达等多源遥感卫星和传感器的发展，基于遥感技术的多平台、多时相、多分辨率、多波段以及低成本等优势，在宏观上可以快速有效地对地表植被状况进行定性提取、定量估算，深入理解森林、灌木、草本等各层次植被的时空分布特征、演化发展及其驱动机制，从而反演更多更全面的"树流感"等森林病虫害环境背景因子和风险评估指标，提取更为精细(甚至到树种层次)的寄主植物分布，进而建立更为全面科学的技术指标体系，支撑新的诊断模型的研发和完善，客观评价典型敏感区域的森林健康状况，为全球、国家和区域尺度的林业资源保护和生态安全评价提供科学有效的决策服务。

8.4 中国"树流感"风险预测及防范措施建议

基于国家自然科学基金和林业公益性行业科研专项等项目的支持，在曹春香研究员开创的环境健康遥感诊断理论的指导下，通过系列研究发现了喜马拉雅山脉地区邻近的中国南方地区在短期、中长期都处于高侵入风险，其中云南、广西、贵州、湖南、湖北、江西、福建以及浙江的部分区域存在高风险，广西、广东、贵州、重庆、湖北、安徽、江苏、浙江及台湾部分区域存在较高风险。为了对“树流感”爆发及传播风险预测结果进行验证，研究团队在综合考虑“树流感”的气候适宜性、寄主植物的分布范围以及不同寄主对病菌的承载传播能力的基础上，选取了高、中、低风险的重庆市巫溪县、云南省屏边县、江西省泰和县、海南省白沙县 4 个区域作为风险预测示范区，分别于 2016 年 11 月至 2017 年 3 月期间开展了野外调查实验。实验中调查了实验区森林样方 26 个，探查了各样方的寄主物种的组成、分布以及结构参数；提取了气温、降水等气候信息；采集了健康与非健康植物样本；测量了 42 种植被的叶片光谱；构建了“树流感”寄主植被光谱库。实验结果表明“树流感”寄主植被在风险区内的长势良好且分布广泛，风险值和寄主植被的分布一致性很高。

基于理论预测研究和实地调查验证发现，利用遥感等空间信息技术诊断“树流感”并对其爆发风险进行预测预警，可以获取病菌潜在寄主的分布状况，发现“树流感”的时空分布及传播规律，识别全球及中国“树流感”的潜在爆发高风险区。

虽然“树流感”目前在国内尚未爆发，但其主要寄主植物在我国都有广泛的分布，一旦病菌侵入中国典型高风险区，该病害将快速扩散，并在短期内到达爆发高峰期，从而改变我国森林树种构成，对我国的森林资源及森林生态建设造成极大的破坏，给社会经济和人民生活产生巨大的影响。

综上，建议国家及地方各级林业主管部门重点开展以下工作：

1. 加强对于我国南方地区的实时监测，尤其是在高风险区域的云南、广西、贵州、湖南、湖北、江西、福建以及浙江等地开展风险预测预警示范。

2. 在我国与喜马拉雅山脉接壤的云南、西藏、四川地区以及东南部的江西、福建、浙江、海南及台湾地区，做好风险预警和入境检疫工作，对当地潜在寄主出现枝叶枯死等症状进行及时检验排查，时刻警惕病菌入侵和传播。

3. 在实地调查采样检测的基础上，加强遥感等空间信息技术的应用，提高监测预测的时效性和效率，进而为最大限度保护我国森林植被资源、保障国家森林健康和林业生态安全提供科学支撑和技术服务。

参考文献

曹春香，2013. 环境健康遥感诊断[M]. 北京：科学出版社.

曹向锋，钱国良，胡白石，2010. 采用生态位模型预测黄顶菊在中国的潜在适生区[J]. 应用生态学报，21：3063-3069.

陈小龙，赵守歧，吴品珊，等，2007. 从德国引进的高山杜鹃上首次检出栎树猝死病菌[J]. 中国植保导刊，27(3)：37.

陈燕婷，2015. 湿地松粉蚧在中国的潜在适生区预测及扩散预警[D]. 福洲：福建农林大学.

陈永芳，陈国瑞，2000. 福建省植被概况与植物资源开发利用意见[J]. 华东森林经理，14：35-36.

范京安，赵学谦，1994. 用模糊综合评判法研究桔小寡鬃实蝇在四川的适生分布[J]. 西南农业学报，8(1)：41-46.

方舟，曹春香，姬伟，2016. 栎树猝死病在云南省的时空传播模拟J]. 科学通报，8：901-911.

侯学煜，1981. 中国植被地理分布的规律性[J]. 西北植物学报.

淮稳霞，2013. 中国西南地区杜鹃—栎树林中疫霉菌的分离鉴定及快速检测技术研究[D]. 北京：中国林业科学研究院.

李百胜，吴翠萍，安榆林，2005. 国外栎树突死病菌的检疫措施及我国应采取的应对策略[J]. 检验检疫学刊，15：58-62.

李苗苗，2003. 植被覆盖度的遥感估算方法研究[D]. 北京：中国科学院遥感应用研究所.

廖太林，李百胜，2004. 栎树突死病菌传入中国的风险分析[J]. 西南林业大学学报，24：34-37.

刘诚，曹春香，2014. 基于GIS的“树流感”在中国潜在适生区预测[J]. 科学通报，59：1732-1747.

罗志萍，李金甫，2007. 警惕栎树猝死病菌入侵[J]. 植物检疫，21(2)：91-92.

吕全，王卫东，梁军，等，2005. 松材线虫在我国的潜在适生性评价[J]. 林业科学研究，18(4)：460-464.

马知恩，周义仓，王稳地，等，2004. 传染病动力学的数学建模与研究[J]. 北京：科学出版社.

乔慧捷，胡军华，黄继红，2013. 生态位模型的理论基础、发展方向与挑战[J]. 中国科学：生命科学，43：915-927.

邵立娜，赵文霞，淮稳霞，等，2008. 栎树猝死病原在中国的适生区预测[J]. 林业科学，44(6)：85-90.

魏淑秋，1984. 农业气候相似距简介[J]. 北京农业大学学报，10(4)：427-428.

吴品珊，巫燕，严进，等，2007. 栎树猝死病菌检疫鉴定方法[J]. 植物检疫，5：281-284.

徐敏，2011. 基于空间信息技术的中国霍乱时空分布及预测研究[D]. 北京：中国科学院遥感应用研究所.

杨瑞，张雅林，冯纪年，2008. 利用ENFA生态位模型分析玉带凤蝶和箭环蝶异地放飞的适生性[J]. 昆虫学报，51：290-297.

杨一光，1980. 论云南植被区划的原则和单位[J]. 云南植被研究，4.

朱耿平，刘国卿，等，2013. 生态位模型的基本原理及其在生物多样性保护中的应用[J]. 生物多样性，21(1)：90-98.

郁振兴，2011，利用HYSPLIT模型分析麦蚜远距离迁飞轨迹[D]. 郑州：河南农业大学.

钟欣，2011. 中国10强进口木材港口[J]. 林产工业，4：41.

朱献，董文杰，2013. CMIP5耦合模式对北半球3-4月积雪面积的历史模拟和未来预估[J]. 气候变化研究进展，9(3)：173-180.

ALEXANDROS K，ALEX S，KURT H，et al，2004. Kernlab-An S4 package for kernel methods in R[J]. Journal of Statistical Software，11(9)：1-20.

ALLOUCHE O，TSOAR A，KADMON R，2006. Assessing the accuracy of species distribution models：prevalence，kappa and the true skill statistic (TSS) [J]. Journal of applied ecology，43(6)：1223-1232.

APHIS (USDA)，APHIS，2013. List of Regulated Hosts and Plants Associated with Phytophthora ramorum.

ARINO O，RAMOS J，KALOGIROU V，et al，“GlobCover 2009”，Proceedings of the living planet Symposium，SP-686，June 2010.

BAILEY L，1957. The cause of European foul brood[J]. Bee world，38(4)：85-89.

BARBET M M，JIGUET F，ALBERT C H，et al，2012. Selecting pseudo-absences for species distribution models：how，where and how many? [J] Methods in Ecology and Evolution，3(2)：327-338.

BARET F，HAGOLLE O，GEIGER B，et al，2007. LAI，fAPAR and fCover CYCLOPES global products derived from VEGETATION：Part1：Principles of the algorithm[J]. Remote sensing of environment，110(3)：275-286.

BARET F，WEISS M，LACAZE R，et al，2013. GEOV1：LAI and FAPAR essential climate variables and FCOVER global time series capitalizing over existing products. Part1：Principles of development and production [J]. Remote Sensing of Environment，137：299-309.

BODENHEIMER F S，SWIRSKI E，1957. The Aphidoidea of the Middle East[M]. Weizmann Sci. Pr. Israel.

BRASIER C，DENMAN S，BROWN A，et al，2004. Sudden Oak Death (*Phytophthora Ramorum*) Discovered on Trees in Europe[J]. Mycological Research，108(10)：1108-1110.

BRASIER C M，BEALES P A，KIRK S A，et al，2005. Phytophthora kernoviae sp. nov.，an invasive pathogen causing bleeding stem lesions on forest trees and foliar necrosis of ornamentals in the UK[J]. Mycological Research，109(8)：853-859.

BRASIER C M，VETTRAINO A M，CHANG T T，et al，2010. Phytophthora lateralis discovered in an old growth Chamaecyparis forest in Taiwan[J]. Plant Pathology，59(4)：595-603.

BRAUNISCH V，SUCHANT R，2007. A model for evaluating the ‘habitat potential’ of a landscape for capercaillie Tetrao urogallus：A tool for conservation planning[J]. Wildlife Biology，13：21-33.

BREIMAN L，FRIEDMAN J H，OLSHEN R A，et al，1984. Classification and regression trees. Wadsworth International Group[J]. Belmont，California，USA.

BREIMAN L，2001. Random forests[J]. Machine learning，45(1)：5-32.

BRIAN H，KELLY B，HOLLY K，et al，2006. Biological evaluation of a model for predicting presence of White Pine Blister Rust in Colorado based on climatic variables and susceptible White Pine species distribution[J].

Biological Evaluation, R2-06-04.

BROTONS L, THUILLER W, ARAúJO M B, et al, 2004. Presence-absence versus presence-only modelling methods for predicting bird habitat suitability[J]. Ecography, 27(4): 437-448.

BROWN A V, BRASIER C M, 2007. Colonization of tree xylem by *Phytophthora ramorum*, *P. kernoviae* and other Phytophthora species[J]. Plant Pathology, 56(2): 227-241.

BUSBY J R, 1991. BIOCLIM-a bioclimate analysis and prediction system[J]. Plant Protection Quarterly (Australia).

CARPENTER G, GILLISON A N, Winterm J, 1993. DOMAIN: a flexible modelling procedure for mapping potential distributions of plants and animals[J]. Biodiversity and Conservation, 2(6): 667-680.

CAYAN DANIEL R, AMY L, LUERS, et al, 2007. Overview of the California climate change scenarios project[J]. Climatic Change, 87: 1-6.

CHASTAGNER G A, RILEY K, DART N, 2008. *Phytophthora ramorum* isolated from California bay laurel inflorescences and mistletoe; possible implications relating to disease spread[J]. Proceedings of the sudden oak death third science symposium.

COLLINS W J, BELLOUIN N, DOUTRIAUX-BOUCHER M, et al, 2008. Evaluation of the HadGEM2 model[J]. Hadley Center Technical Note, 74.

Cook W C, 1924. The distribution of the pale western cutworm, Porosagrotis orthogonia Morr.: a study in physical ecology[J]. Ecology, 5(1): 60-69.

Daniel B, 1760. Essai d' une nouvelle analyse de la mortalite causes par la petite verole et des av an ta ges de l' inoculation pour alp revenir, in Memoriesde Mathematiques etde physique[J]. Paris: Academie Royaledes Sciences: 1-45.

DAGUM E B, HUOT G, MORRY M, 1988. Seasonal adjustment in the Eighties: Some problems and solutions[J]. Canadian Journal of Statistics, 16(S1): 109-126.

DAVIDSON J M, SHAW C G, 2003a. Pathways of movement for Phytophthora ramorum, the ca-usal agent of sudden oak death. Sudden oak death online symposium. DOI: 10. 1094/SOD-2003-TS.

DAVIDSON J M, WERRES S, GARBELOTTO M, et al, 2003b. Sudden oak death and associated diseases caused by *Phytophthora ramorum*. Plant Health Progress, DOI: 10. 1094/PHP-2003-0707-01-DG.

DAVIDSON J M, WICKLAND A C, PATTERSON H A, et al, 2005a. Transmission of *Phytophthora ramorum* in mixed evergreen forest in California[J]. Phytopathology, 95: 587-596.

DAVIDSON J M, FICHTNER E, PATTERSON H, et al, 2005b. Mechanisms underlying differences in inoculum production by Phytophthora ramorumin mixed-evergreen versus tanoak-redwood forests in California[J]. Proceedings of the sudden oak death second science symposium.

DE DOBBELAERE I, HEUNGENS K, MAES M, 2008. Effect of environmental and seasonal factors on the susceptibility of different Rhododendronspecies and hybrids to *Phytophthora ramorum* [J]. Proceedings of the sudden oak death third science symposium.

DEERING D W, 1978. Rangeland reflectance characteristics measured by aireraft and spacecraft Sensors. PhD. Dissertation, Texas A&M University.

DENG F, CHEN M, PLUMMER S, et al, 2006. Algorithm for global leaf area index retrieval using satellite imagery[J]. IEEE Transactions on Geoscience and Remote Sensing, 44(8): 2219-2229.

DONNELLY C A., GHANI A C, LEUNG G M, et al, 2003. Epidemiological determinants of spread of causal agent of severe acute respiratory syndrome in Hong Kong[J]. The Lancet, 361(9371): 1761-1766.

DRAXLER R R, HESS G D, 1998. An overview of the hysplit-4 modeling system for trajectories[J]. Australian Meteorological Magazine, 47: 295-308.

ELLIS S D, BOEHM M J, MITCHEL T K. 2008. Fungal and fungal-like diseases of plants[J]. Agriculture and Natural Resources, the Ohio State University: 401-407.

ENGLANDER L, BROWNING M, TOOLEY P W, 2006. Growth and sporulation of *Phytophthora ramorum* in vitro in response to temperature and light[J]. Mycologia, 98: 365-373.

FARBER O, KADMON R, 2003. Assessment of alternative approaches for bioclimatic modeling with special emphasis on the Mahalanobis distance[J]. Ecological Modeling, 160: 115-130.

FICHTNER E J, LYNCH S C, RIZZO D M, 2006. Summer survival of *Phytophthora ramorumin* forest soils [J]. Proceedings of the sudden oak death second science symposium.

FINDLEY D F, MONSELL B C, Bell W R, et al, 1998. New capabilities and methods of the X-12-ARIMA seasonal-adjustment program[J]. Journal of Business & Economic Statistics, 16(2): 127-152.

FRANKLIN J, 1995. Predictive vegetation mapping: geographic modelling of biospatial patterns in relation to environmental gradients[J]. Progress in Physical Geography, 19(4): 474-499.

FREEMAN E A, MOISEN G, 2008. Presence-Absence: An R package for presence absence analysis[J]. Journal of Statistical Software, 23(11): 1-31.

FRIEDMAN J H, 1991. Multivariate Adaptive Regression Splines[J]. Annals of Statistics, 19: 1-141.

FRIEDMAN J H, HASTIE T, TIBSHIRANI R, 2000. Additive logistic regression: a statistical view of boosting[J]. Annals of Statistics, 28: 337-407.

GARBELOTTO M, DAVIDSON J M, IVORS K, et al, 2003. Non-oak native plants are the main hosts for the sudden oak death pathogen in California[J]. California Agriculture. 57(1): 18-23.

GETIS A, ORD J K, 1992. The analysis of spatial association by use of distance statistics[J]. Geographical Analysis, 24: 189-206.

GOSS E M, LARSEN M, ChASTAGNER G A, et al, 2009. Population genetic analysis infers migration pathways of Phytophthora ramorum in US nurseries[J]. PLoS Pathogens, 5(9): e1000583.

GOSS E M, LARSEN M, VERCAUTEREN A, et al, 2011. Phytophthora ramorum in Canada: evidence for migration within North America and from Europe[J]. Phytopathology, 101(1): 166-171.

GRAHAM C H, FERRIER S, HUETTMAN F, et al, 2004. New developments in museum-based informatics and applications in biodiversity analysis[J]. Trends in Ecology and Evolution, 19(9): 497-503.

GRÜNWALD N J, GOSS E M, PRESS C M, 2008. Phytophthora ramorum: a pathogen with a remarkably wide host range causing sudden oak death on oaks and ramorum blight on woody ornamentals[J]. Molecular Plant Pathology, 9(6): 729-740.

GRÜNWALD N J, GOSS E M, IVORS K, et al, 2009. Standardizing the nomenclature for clonal lineages of the sudden oak death pathogen, *Phytophthora ramorum*[J]. Phytopathology, 99(7): 792-795.

GRÜNWALD N J, GARBELOTTO M, GOSS E M, et al, 2012. Emergence of the sudden oak death pathogen: *Phytophthora ramorum*[J]. Trends in microbiology, 20(3): 131-138.

GU W D, SWIHART R K, 2004. Absent or undetected? Effects of non-detection of species occurrence on wildlife-habitat models[J]. Biological Conservation, 116: 195-203.

GUISAN A, WEISS S B, WEISS A D, 1999. GLM versus CCA spatial modeling of plant species distribution [J]. Plant Ecology, 143: 107-122.

GUISAN A, ZIMMERMANN N E, 2000. Predictive habitat distribution models in ecology[J]. Ecological Modelling, 135(2-3): 147-186.

GUISAN A, THUILLER W, 2005. Predicting species distribution: offering more than simple habitat models [J]. Ecology Letters, 8(9): 993-1009.

GUO Q, KELLY M, GRAHAM C H, 2005. Support vector machines for predicting distribution of Sudden Oak Death in California[J]. Ecological Modeling, 182(1): 75-90.

GUTMANG G, 1991. Vegetation indices from AVHRR: An update and future prospects[J]. Remote Sensing of Environment, 35(2): 121-136.

HAMER W H, 1906. The Milroy lectures on epidemic disease in England: the evidence of variability and of persistency of type[M]. Bedford Press.

HANSEN E M, PARKE J L, SUTTON W, 2005. Susceptibility of Oregon forest trees and shrubs to Phytophthora ramorum: a comparison of artificial inoculation and natural infection[J]. Plant Disease, 89: 63-70.

HANSEN E M, KANASKIE A, PROSPERO S, et al, 2008. Epidemiology of *Phytophthora ramorumin* Oregon tanoak forests[J]. Canadian Journal of Forest Research. 38: 1133-1143.

HARWOOD T D, Xu X, PAUTASSO M, et al, 2009. Epidemiological risk assessment using linked network and grid based modelling: *Phytophthora ramorum* and *Phytophthora kernoviae* in the UK[J]. Ecological Modelling, 220(23): 3353-3361.

HASTIE T J, TIBSHIRANI R, 1990. Generalized Additive Models[M]. Chapman and Hall, London.

HAUSSER A H, CHESSEL J, PERRIN D, 2002. Ecological-niche factor analysis: How to compute habitat-suitability maps without absence data? [J]. Ecology, 83: 2027-2036.

HERNANDEZ P A, GRAHAM C H, MASTER L L, et al, 2006. The effect of sample size and species characteristics on performance of different species distribution modeling methods[J]. Ecography, 29(5): 773-785.

HIJMANS R J, CAMERON S E, et al, 2005. Very high resolution interpolated climate surfaces for global land areas[J]. International Journal of Climatology, 25: 1965-1978.

HIJMANS R J, PHILLIPS S, LEATHWICK J, et al, 2012. dismo: Species distribution modeling[J]. R package version: 7-17.

HIRZEL A H, HELFER V, METRAL F, 2001. Assessing habitat-suitability models with a virtual species [J]. Ecological Modelling, 145(2-3): 111-121.

HIRZEL A H, HASSER J , CHESSEL D, et al, 2002. Ecological-niche factor analysis: how to compute habitat-suitability maps without absence data[J]. Ecology, 83: 2027-2036.

HIRZEL A H, HAUSSER J, PERRIN N, 2006. Biomapper 3. 2: Laboratory for Conservation Biology, Department of Ecology and Evolution, University of Lausanne, Switzerland.

HODRICK R, AND PRESCOTT E, 1980. Postwar US Business Cycles: An Empirical Investigation[J]. Carnegie Mellon University discussion paper No. 451.

HUANG C, SONG K, KIM S, et al, 2008. Use of a dark object concept and support vector machines to automate forest cover change analysis[J]. Remote Sensing of Environment, 112(3): 970-985.

HÜTTICH C, HEROLD M, SCHMULLIUS C, et al, 2007. Indicators of Northern Eurasia's land-cover change trends from SPOT-VEGETATION time-series analysis 1998-2005[J]. International Journal of Remote Sensing, 28(18): 4199-4206.

IVORS K, GARBELOTTO M, VRIES IDE, et al, 2006. Microsatellite markers identify three lineages of Phytophthora ramorum in US nurseries, yet single lineages in US forest and European nursery populations[J]. Molecular Ecology, 15(6): 1493-1505.

JIMÉNEZ-VALVERDE A, LOBO JM, 2007. Threshold criteria for conversion of probability of species presence to either-or presence-absence[J]. Acta oecologica, 31(3): 361-369.

JONES B. 2012. Phytophthora ramorum: Operational experience from the UK[J]. Sudden Oak Death 5th Science symposium.

KANASKIE A, EVERETT H, et al, 2010. Detection and eradication of *Phytophthora ramorum* from oregon forests[J]. General Technical Report (GTR): 3-5.

KELLY M, MEENTEMEYER R K, 2002. Landscape dynamics of the spread of Sudden Oak Death[J]. Photogrammetric Engineering and Remote Sensing, 68(10): 1001-1009.

KELLY M, GUO Q, LIU D, et al, 2007. modelling the risk for a new invasive forest disease in the United States: An evaluation of five environmental niche models[J]. Computers, Environment and Urban Systems, 31(6): 689-710.

KERMACK WO, LAMBIE CG, SLATER RH, 1927. Studies in Carbohydrate Metabolism: Influence of Methyglyoxal and other possible Intermediaries upon Insulin Hypoglycaemia[J]. Biochemical Journal, 21(1): 40.

KERMACK WO, MCKENDRICK AG, 1932. Contributions to the mathematical theory of epidemics. II. The problem of endemicity. Proceedings of the Royal society of London[J]. Series A, 138(834): 55-83.

KLUZA DA, VIEGLAIS DA, ANDREASEN JK, et al, 2007. Sudden oak death: geographic risk estimates and predictions of origins[J]. Plant Pathology, 56(4): 580-587.

KOTLIAR NB, WIENS JA, 1990. Multiple scales of patchiness and patch structure: a hierarchical framework for the study of heterogeneity[J]. Oikos, 59(2): 253-260.

KULLDORFF M, 1997. A spatial scan statistic[J]. Communications in Statistics-Theory and methods, 26(6): 1481-1496.

KULLDORFF M, ATHAS WF, FEURER EJ, et al, 1998. Evaluating cluster alarms: a space-time scan statistic and brain cancer in Los Alamos, New Mexico[J]. American journal of public health, 88(9): 1377-1380.

KULLDORFF M, HEFFERNAN R, HARTMAN J, et al, 2005. A space-time permutation scan statistic for disease outbreak detection[J]. PLoS medicine, 2(3): e59.

LIU C, BERRY PM, DAWSON TP, et al, 2005. Selecting thresholds of occurrence in the prediction of species distributions[J]. Ecography, 28(3): 385-393.

LIU C, WHITE M, NEWELL G, 2013. Selecting thresholds for the prediction of species occurrence with presence-only data[J]. Journal of Biogeography, 40(4): 778-789.

MANDLE L, WARREN DL, HOFFMANN MH, et al, 2010. Conclusions about niche expansion in introduced Impatiens walleriana populations depend on method of analysis[J]. PLoS One, 5(12): e15297.

MANEL S, DIAS JM, BUCKTON ST, et al, 1999. Alternative methods for predicting species distribution: an illustration with Himalayan river birds[J]. Application Ecology, 36: 734-747.

MASSON V, CHAMPEAUX JL, CHAUVIN F, et al, 2003. A global database of land surface parameters at 1-km resolution in meteorological and climate models[J]. Journal of climate, 16(9).

MCCULLAGH P, NELDER JA, 1989. Generalized linear models, Second Edition. Monographs on Statistics on Statistics and Applied Probability[J]. Chapmam & Hall, London, UK. pp511.

MCPHERSON JM, BRICE A, DAVID L. WOOD, et al, 2001. Sudden oak death, a new forest disease in California[J]. Integrated Pest Management Reviews, 6: 243-246.

MCPHERSON JM, JETZ W, ROGERS DJ, 2004. The effects of species' range sizes on the accuracy of distribution models: ecological phenomenon or statistical artefact? [J]. Journal of Applied Ecology, 41: 811-823.

MEENTEMEYER RK, RIZZO D, MARK W, et al, 2004. Mapping the risk of establishment and spread of sudden oak death in California[J]. Forest Ecology and Management, 200(1): 195-214.

MEENTEMEYER RK, CUNNIFFE NJ, COOK AR, et al, 2011. Epidemiological modeling of invasion in heterogeneous landscapes: spread of sudden oak death in California (1990-2030)[J]. Ecosphere, 2(2): art17.

MIKLER AR, VENKATACHALAM S, ABBAS K, 2005. Modeling infectious diseases using global stochastic cellular automata[J]. Journal of Biological Systems, 13(04): 421-439.

MILLER J, 2005. Incorporating spatial dependence in predictive vegetation models: residual interpolation methods[J]. The Professional Geographer, 57(2): 169-184.

MORAN PAP, 1950. Notes on continuous stochastic phenomena[J]. Biometrika, 37: 17-23.

MOSS RH, EDMONDS JA, HIBBARD KA, et al, 2010. The next generation of scenarios for climate change research and assessment[J]. Nature, 463(7282): 747-756.

MYNENI RB, HOFFMAN S, KNYAZIKHIN Y, et al, 2002. Global products of vegetation leaf area and fraction absorbed PAR from year one of MODIS data[J]. Remote sensing of environment, 83(1): 214-231.

NIX H, 1986. A biogeographic analysis of Australian elapid snakes. In Atlas of Elapid Snakes of Australia, Longmore, R. (ed.), pp. 4 - 15. Australian Flora and Fauna Series Number 7, Australian Government. Publication Service, Canberra, 115.

OAK SW, SMITH WD, TKACZ BM, 2006. Phytophthora ramorum detection surveys for forests in the United States. Progress in research on Phytophthoradiseases of forest trees[J]. Farnham, Surry, UK: Forest Research: 28-30.

OAK SW, ELLEDGE AH, YOCKEY EK, et al, 2008. Phytophthora ramorum early detection surveys for forests in the U. S., 2003-2006. Proceedings of the sudden oak death third science symposium.

OAK SW, HWANG J, JEFFERS SN, et al, 2010. Phytophthora ramorum in USA streams from the national early detection survey of forests[J]. Proceedings of the sudden oak death fourth science symposium.

PARKE J. L, LUCAS S, 2008. Sudden oak death and ramorum blight[J]. The Plant Health Instructor, DOI: 10. 1094/PHI-I-2008-0227-01.

PEARCE J, FERRIER S, 2000. An evaluation of alternative algorithms for fitting species distribution models developed using logistic regression[J]. Ecological Modelling, 128: 127-147.

PEARSON RG, DAWSON TP, BERRY PM, et al, 2002. SPECIES: a spatial evaluation of climate impact on the envelope of species[J]. Ecological Modelling, 154(3): 289-300.

PEARSON RG, DAWSON TP, 2003. Predicting the impacts of climate change on the distribution of species: are bioclimate envelope models useful? [J]. Global ecology and biogeography, 12(5): 361-371.

PETERSON AT, ORTEGA HMA, et al, 2002. Future projections for Mexican faunas under global climate change scenarios[J]. Nature, 416: 626-629.

PETITPIERRE B, KUEFFER C, et al, 2012. Climatic niche shifts are rare among terrestrial plant invaders [J]. Science, 335: 1344-1348.

PETTORELLI N, RYAN S, MUELLER T, et al, 2011. The Normalized Difference Vegetation Index (NDVI): unforeseen successes in animal ecology[J]. Climate research, 46(1): 15-27.

PHILLIPS SJ, MIROSLAV D, ROBERT ES, 2004. A maximum entropy approach to species distribution modeling. Proceedings of the twenty-first international conference on Machine learning, ACM.

PHILLIPS SJ, ANDERSON RP, SCHAPIRE RE, 2006. Maximum entropy modeling of species geographic distributions[J]. Ecological modelling, 190(3): 231-259.

PHILLIPS SJ, DUDIK M, 2008. Modeling of species distributions with Maxent: new extensions and a comprehensive evaluation[J]. Ecography, 31: 161-175.

PROSPERO S, HANSEN EM, GRÜNWALD NJ, et al, 2007. Population dynamics of the sudden oak death pathogen Phytophthora ramorum in Oregon from 2001 to 2004[J]. Molecular Ecology, 16: 2958-2973.

RIZZO DM, GARBELOTTO M, DAVIDSON JM, et al, 2002. Phytophthora ramorum as the cause of extensive mortality of Quercus spp. and Lithocarpus densiflorus in California[J]. Plant Disease, 86(3): 205-214.

RIZZO DM, 2003. Sudden Oak Death: host plants in forest ecosystems in California and Oregon. Proceedings of sudden oak death online symposium. American Phytopathological Society.

RIZZO DM, Garbelotto M, HANSEN EM, 2005. Phytophthora ramorum: integrative research and management of an emerging pathogen in California and Oregon forests[J]. Annual Review of Phytopathology, 43: 309-335.

RODDER D, LÖTTERSS, 2009. Niche shift versus niche conservatism? Climatic characteristics of the native and invasive ranges of the mediterranean house gecko (*Hemidactylus turcicus*)[J]. Global Ecology and Biogeography, 18(6): 674-687.

ROUJEAN JL, LACAZE R, 2002. Global mapping of vegetation parameters from POLDER multiangular measurements for studies of surface-atmosphere interactions: A pragmatic method and its validation. Journal of Geophysical Research: Atmospheres (1984-2012), 107(D12): ACL 6-1-ACL 6-14.

SHELLY J, SINGH R, LANGFORD C, et al, 2006. Evaluating the survival of Phytophthora ramorumin firewood. Proceedings of the sudden oak death second science symposium.

STEEGHS MHCG, 2008. Contingency planning for Phytophthora ramorum outbreaks: progress report work package 7, EU RAPRA project. Proceedings of the sudden oak death third science symposium.

STOCKWELL D, PETERS D, 1999. The GARP modeling system: problems and solutions to automated spatial prediction[J]. International Journal of Geographical Information Science, 13: 143-158.

SUTHERST RW, MAYWALD GF, SKARRATT DB, 1995. Predicting insect distributions in a changed climate. In: Insects in Changing Environment (eds Harrington R, Stork NE), pp. 59-91. Academic Press, London.

SWETS JA, 1988. Measuring the accuracy of diagnostic systems[J]. Science, 240: 1285-1293.

SYMEONAKIS E, DRAKE N, 2004. Monitoring desertification and land degradation over sub-Saharan Africa [J]. International Journal of Remote Sensing, 25(3): 573-592.

THUILLER W, LAVOREL S, et al, 2005. Climate change threats to plant diversity in Europe[J]. Proceedings of the National Academy of Sciences, USA. 102: 8245-8250.

TODD KB, SARA SM, LAUREN EF, et al, 2006. Modelling the spread of the Emerald Ash Borer[J]. Ecological modeling, 197: 221-236.

TOTTRUP C, RASMUSSEN MS, 2004. Mapping long-term changes in savannah crop productivity in Senegal through trend analysis of time series of remote sensing data[J]. Agriculture, Ecosystems & Environment, 103(3): 545-560.

TURNER J, JENNINGS P, 2006. Epidemiology of Phytophthora ramorumin relation to risk and policy. Project Work Package 3 Report—January to December 2005[J]. Sand Hutton, York, UK: Forest Research. YO41 1LZ.

TURNER J, 2007[J]. Phytophthora ramorum and Phytophthora kernoviae: development of post eradication strategies for management/treatment of contaminated substrates and inoculum at outbreak sites. Annual Project Report (PH0414) 2006-2007. Sand Hutton, York, UK: Forest Research. YO41 1LZ.

TURNER J, JENNINGS P, 2008. Report indicating the limiting and optimal environmental conditions for production, germination and survival of sporangia and zoospores[J]. Deliverable Report 7. YO41 1LZ.

TURNER MG, 2001. Landscape ecology in theory and practice: pattern and process[M]. Springer.

UVAROV BP, 1932. Ecological studies on the Moroccan locust in Western Anatolia[J]. Bulletin of Entomological Research, 23: 273-287.

VÁCLAVÍK T, KANASKIE A, HANSEN EM, et al, 2010. Predicting potential and actual distribution of sudden oak death in Oregon: prioritizing landscape contexts for early detection and eradication of disease outbreaks [J]. Forest Ecology and Management, 260(6): 1026-1035.

VAN DE VOORDE T, VLAEMINCK J, CANTERS F, 2008. Comparing different approaches for mapping urban vegetation cover from Landsat ETM+ data: a case study on Brussels[J]. Sensors, 8(6): 3880-3902.

VAN POUCKE K, FRANCESCHINI S, WEBBER JF, et al, 2012. Discovery of a fourth evolutionary lineage of *Phytophthora ramorum*: EU2[J]. Fungal biology, 116(11): 1178-1191.

VAPNIK V, 1995. The Nature of 6tatistical Learning Theory[J]. Data Mining and Knowledge Discovery, 6: 1-47.

VENABLES WN, RIPLEY BD, 2002. Modern Applied Statistics with S[M]. Fourth Edition. Springer, New York.

VETTRAINO AM, BRASIER CM, BROWN AV, et al, 2011. Phytophthora himalsilva sp. nov.: an unusually phenotypically variable species from a remote forest in Nepal[J]. Fungal biology, 115(3): 275-287.

WANG YS, XIE BY, WAN FH, et al, 2007. The Potential Geographic Distribution of Radopholus similis in China[J]. Agricultural Sciences in China, 6(12): 1444-1449.

WARD DF, 2007. Modelling the potential geographic distribution of invasive ant species in New Zealand[J]. Biological Invasions, 9(6): 723-735.

WEBBER J, 2012. New Phytophthora ramorum dynamic in Europe: spread to larch[J]. Sudden Oak Death 5th Science symposium.

WERRES S, MARWITZ R, DE COCK AWAM, et al, 2001. Phytophthora ramorum sp. nov., a new pathogen on Rhododendron and Viburnum[J]. Mycological Research, 105: 1155-1165.

WHITE MA, BEURS D, KIRSTEN M, et al, 2009. Intercomparison, interpretation, and assessment of spring phenology in North America estimated from remote sensing for 1982-2006[J]. Global Change Biology, 15(10): 2335-2359.

WILLIS KJ, WHITTAKER RJ, 2002. Species diversity-scale matters[J]. Science, 295(5558): 1245-1248.

WU J, LOUCKS OL, 1995. From balance of nature to hierarchigal patch dynamics: A paradigm shift in ecology[J]. The Quarterly Review of Biology, 70(4): 439-466.

XIAO J, MOODY A, 2005. A comparison of methods for estimating fractional green vegetation cover within a desert-to-upland transition zone in central New Mexico, USA. Remote Sensing of Environment, 98(2): 237-250.

YEE TW, MITCHELL ND, 1991. Generalized additive models in plant ecology[J]. Journal of Vegetation Science, 2: 587-602.

YUAN H, DAI Y, XIAO Z, et al, 2011. Reprocessing the MODIS Leaf Area Index products for land surface and climate modelling[J]. Remote Sensing of Environment, 115(5): 1171-1187.

ZHU Z, BI J, PAN Y, et al, 2011. Global data sets of vegetation leaf area index (LAI) 3g and Fraction of Photosynthetically Active Radiation (FPAR) 3g derived from Global Inventory Modeling and Mapping Studies (GIMMS) Normalized Difference Vegetation Index (NDVI3g) for the period 1981 to Remote Sensing, 2013, 5(2): 927-948.

附录

附录一　栎树猝死病菌寄主植物一览表(APHIS，2013)

附表 1　栎树猝死病菌已证实的寄主植物(47)

Proven Hosts Regulated for *Phytophthora ramorum*

编号	学名	中文名	英文名
	槭树科 Aceraceae		
1	*Acer macrophyllum*	槭树	Big leaf maple
2	*Acer pseudoplatanus*	假挪威槭	Planetree maple
	铁线蕨科 Adiantaceae		
3	*Adiantum aleuticum*	铁线蕨	Western maidenhair fern
4	*Adiantum jordanii*	加州铁线蕨	California maidenhair fern
	忍冬科 Caprifoliaceae		
5	*Lonicera hispidula*	加州忍冬	California honeysuckle
6	*Viburnum* spp.	荚蒾	Viburnum
	山茱萸科 Cornaceae		
7	*Griselinia littoralis*	滨海山茱萸	Griselinia
	杜鹃花科 Ericaceae		
8	*Arbutus menziesii*	优材草莓树	Madrone
9	*Arctostaphylos manzanita*	北加州熊果树	Manzanita
10	*Calluna vulgaris*	欧洲石楠	Heath
11	*Pieris* spp.	马醉木	Andromeda, Pieris
12	*Rhododendron* spp.	杜鹃花属	Rhododendron
13	*Vaccinium ovatum*	加州越橘	Huckleberry
14	*Umbellularia californica*	山月桂	California bay laurel, Oregon myrtlewood, pepperwood
	壳斗科 Fagaceae		
15	*Lithocarpus densiflorus*	密花石栎	Tanoak
16	*Quercus agrifolia*	加州栎	Coast live oak
17	*Quercus cerris*	土耳其栎	European turkey oak
18	*Quercus chrysolepis*	黄鳞栎	Canyon live oak
19	*Quercus kelloggii*	加州黑栎	California black oak

(续)

编号	学名	中文名	英文名
20	*Quercus parvula* var. *shrevei and all nursery grown Q. parvula*	希氏栎	Shreve oak
21	*Quercus falcata*	西班牙栎	Southern red oak
22	*Quercus ilex*	圣栎	Holm oak
23	*Castanea sativa*	欧洲栗	Sweet chestnut
金缕梅科 Hamamelidaceae			
24	*Hamamelis virginiana*	美洲金缕梅	Witch-hazel
25	*Parrotia persica*	波斯铁木	Persian ironwood
七叶树科 Hippocastanaceae			
26	*Aesculus californica*	加州七叶树	California buckeye
27	*Aesculus hippocastanum*	欧洲七叶树	Horse chestnut
百合科 Liliaceae			
28	*Maianthemum racemosa* (=*Smilacina racemosum*)	舞鹤草	False Solomon's seal
木犀科 Oleaceae			
29	*Fraxinus excelsior*	欧洲白蜡树	European ash
30	*Syringa vulgaris*	欧洲丁香	Lilac
松科 Pinaceae			
31	*Pseudotsuga menziesii*	花旗松	Douglas fir
报春花科 Primulaceae			
32	*Trientalis latifolia*	西部七瓣莲	Western starflower
鼠李科 Rhamnaceae			
33	*Frangula californica* (=*Rhamnus californica*)	加州鼠李	California coffeeberry
34	*Frangula purshiana* (=*Rhamnus purshiana*)	药鼠李	Cascara
蔷薇科 Rosaceae			
35	*Heteromeles arbutifolia*	加州冬青	Toyon
36	*Photinia fraseri*	红叶石楠	Red tip photinia
37	*Rosa gymnocarpa*	木蔷薇	Wood rose
38	*Pyracantha koidzumii (Hayata) Rehd.*	台湾火棘木	Formosa firethorn

（续）

编号	学名	中文名	英文名
红豆杉科 Taxaceae			
39	*Taxus baccata*	欧洲红豆杉	European yew
杉科 Taxodiaceae			
40	*Sequoia sempervirens*	北美红杉	Coast redwood
山茶科 Theaceae			
41	*Camellia* spp.	山茶属	Camellia
杨柳科 Salicaceae			
42	*Salix caprea*	山羊柳	Goat willow
美国石南科 Kalmia			
43	*Kalmia* spp.	山月桂	Mountain laurel
樟科 Lauraceae			
44	*Laurus nobilis*	月桂树	Bay laurel
45	*Cinnamomum camphora*	樟脑树	Camphor tree
壳斗科 Fagaceae			
46	*Fagus sylvatica*	欧洲山毛榉	European beech
木兰科 Magnoliaceae			
47	*Magnolia doltsopa* =(*Michelia doltsopa*)	南亚含笑	Michelia

附表 2　栎树猝死病菌相关的寄主植物(91)

Plants Associated with *Phytophthora ramorum*

编号	学名	中文名	英文名
松科 Pinaceae			
1	*Abies concolor*	白冷杉	White fir
2	*Abies grandis*	巨冷杉	Grand fir
3	*Abies magnifica*	红冷杉	Red fir
4	*Larix kaempferi*	日本落叶松	Japanese larch
槭树科 Aceraceae			
5	*Acer circinatum*	圆叶槭	Vine maple
6	*Acer davidii*	条纹树皮槭	Striped bark maple
7	*Acer laevigatum*	常绿槭	Evergreen maple
杜鹃花科 Ericaceae			
8	*Arbutus unedo*	杨梅树	Strawberry tree
9	*Gaultheria shallon*	沙龙白珠树	Salal
10	*Leucothoe axillaris*	绊脚灌木	Fetterbush

（续）

11	*Leucothoe fontanesiana*	下垂木藜芦	Drooping leucothoe
12	*Vaccinium myrtilus*	越橘	Bilberry
13	*Vaccinium vitis-idaea*	越橘	Cowberry, Lingon berry, Mountain cranberry
14	*Arctostaphylos columbiana*	石兰科灌木	Manzanita
15	*Arctostaphylos uva-ursi*	熊果	Kinnikinnick
紫金牛科 Myrsinaceae			
16	*Ardisia japonica*	紫金牛	Ardisia
葡萄科 Vitaceae			
17	*Berberis diversifolia*	俄勒冈葡萄	Oregon grape
樟科 Lauraceae			
18	*Calycanthus occidentalis*	西美蜡梅	Spicebush
19			
百合科 Liliaceae			
20	*Clintonia andrewsiana*	珠百合	Andrew's clintonia bead lily
山茱萸科 Cornaceae			
21	*Cornus kousa*	山茱萸	Kousa dogwood
22	*Cornus kousa* × *Cornus capitata*	诺曼哈登山茱萸	Cornus Norman Haddon
金缕梅科 Hamamelidaceae			
23	*Corylopsis spicata*	斯派克金缕梅	Spike witch hazel
24	*Distylium myricoides*	蚊母树	Myrtle-leafed Distylium
25	*Hamamelis* × *intermedia*	杂交金缕梅	Hybrid witchhazel
26	*Hamamelis mollis*	中国金缕梅	Chinese witchhazel
27	*Loropetalum chinense*	檵木	Loropetalum
桦木科 Betulaceae			
28	*Corylus cornuta*	加州榛子	California hazelnut
交让木科 Daphniphyllaceae			
29	*Daphniphyllum glaucescens*	虎皮楠	Daphniphyllum
桑科 Moraceae			
30	*Drimys winteri*	桑白皮	Winter's bark
鳞毛蕨科 Dryopteridaceae			
31	*Dryopteris arguta*	加州鳞毛蕨属	California wood fern
桃金娘科 Myrtaceae			
32	*Eucalyptus haemastoma*	涂胶	Scribbly gum

（续）

卫矛科 Celastraceae			
33	*Euonymus kiautschovicus*	卫矛	Spreading euonymus
丝穗木科 Garrya			
34	*Garrya elliptica*	丝绸流苏树	Silk tassel tree
冬青科 Aquifoliaceae			
35	*Ilex aquifolium*	欧洲冬青	European holly
36	*Ilex purpurea*	东方冬青	Oriental holly
37	*Ilex cornuta*	枸骨	Buford holly，Chinese holly
38	*Gaultheria procumbens*	白珠树	wintergreen，Eastern teaberry，boxberry
壳斗科 Fagaceae			
39	*Castanopsis orthacantha*	栲属	Castanopsis
40	*Lithocarpus glaber*	日本栎树	Japanese oak
41	*Quercus acuta*	日本长青栎树	Japanese evergreen oak
42	*Quercus petraea*	无梗花栎	Sessile oak
43	*Quercus rubra*	北方红栎	Northern red oak
木兰科 Magnoliaceae			
44	*Magnolia cavalieri*	含笑属	Michelia
45	*Magnolia denudata*	玉兰	Lily tree
46	*Magnolia denudata* × *salicifolia*	木兰	Magnolia
47	*Magnolia ernestii*	含笑属	Michelia
48	*Magnolia foveolata*	含笑属	Michelia
49	*Magnolia figo*	含笑花	Banana shrub
50	*Magnolia grandiflora*	南方木兰	Southern magnolia
51	*Magnolia kobus*	皱叶木兰	Kobus magnolia
52	*Magnolia liliiflora*	紫木兰	Purple magnolia
53	*Magnolia* × *loebneri*	洛伯纳木兰	Loebner magnolia
54	*Magnolia maudiae*	含笑属	Michelia
55	*Magnolia salicifolia*	茴香木兰	Anise magnolia
56	*Magnolia* × *soulangeana*	碟木兰	Saucer magnolia
57	*Magnolia stellata*	星木兰	Star magnolia
58	*Magnolia* × *thompsoniana*	木兰	Magnolia
59	*Manglietia insignis*	红色莲花树	Red lotus tree
60	*Parakmeria lotungensis*	东部快乐莲花树	Eastern joy lotus tree

（续）

夹竹桃科 Apocynaceae			
61	*Nerium oleander*	夹竹桃	Oleander
62	*Trachelospermum jasminoides*	络石	Star jasmine，Confederate jasmine
壳斗科 Fagaceae			
63	*Nothofagus obliqua*	钟花山毛榉	Roble beech
木犀科 Oleaceae			
64	*Osmanthus decorus*	桂花	Osmanthus
65	*Osmanthus delavayi*	特拉佛桂花	Delavay osmanthus
66	*Osmanthus fragrans*	芳香橄榄	Sweet olive
67	*Osmanthus heterophyllus*	冬青橄榄	Holly olive
68	*Fraxinus latifolia*	阔叶白蜡木	Oregon ash
伞形科 Umbelliferae			
69	*Osmorhiza berteroi*	野胡萝葭	Sweet Cicely
蔷薇科 Rosaceae			
70	*Physocarpus opulifolius*	九层皮	Ninebark
71	*Prunus lusitanica*	葡萄牙月桂樱桃	Portuguese laurel cherry
72	*Prunus laurocerasus*	桂樱	English laurel
73	*Pyracantha koidzumii*	福尔摩沙火棘	Formosa firethorn
74	*Rosa*	杂交玫瑰	Hybrid roses
75	*Rosa rugosa*	玫瑰	Rugosa rose
76	*Rubus spectabilis*	美洲大树莓	Salmonberry
海桐花科 Pittosporaceae			
77	*Pittosporum undulatum*	维多利亚海桐	Victorian box
茶藨子科 Grossulariaceae			
78	*Ribes laurifolium*	醋栗	Bayleaf currant
山茶科 Theaceae			
79	*Schima wallichii*	木荷	Chinese guger tree
红豆杉科 Taxaceae			
80	*Taxus brevifolia*	太平洋紫杉	Pacific yew
81	*Taxus* × *media*	紫杉	Yew
82	*Torreya californica*	加州榧	California nutmeg
漆树科 Anacardiaceae			
83	*Toxicodendron diversilobum*	毒栎	Poison oak

（续）

小檗科 Berberidaceae			
84	*Vancouveria planipetala*	小花范库弗	Redwood ivy
85	*Mahonia nervosa*	十大功劳	Creeping oregon grape
豆科 Leguminosae			
86	*Cercis chinensis*	中国紫荆	Chinese redbud
鼠李科 Rhamnaceae			
87	*Ceanothus thyrsiflorus*	加州紫丁香	Blueblossom
芸香科 Rutaceae			
88	*Choisya ternate*	墨西哥橘	Mexican orange
罂粟科 Papaveraceae			
89	*Illicium parviflorum*	小花角茴香	Yellow anise
玄参科 Scrophulariaceae			
90	*Veronica spicata*	穗花婆婆纳	Spiked speedwell
未知植被			
91	*Molinadendron sinaloense*		

说明：

1. 附表1列出了栎树猝死病菌已证实的感染寄主植物，这些植物的特点是它们是以自然方式感染栎树猝死病菌，并已被建档、审查，且通过了柯赫法则假设检验。

2. 附表2列出了栎树猝死病菌相关的易感寄主植物，这些植物的特点是它们也是以自然方式感染，并经由PCR（聚合酶链式反应）检验发现栎树猝死病菌。

附录二　中国栎树猝死病菌潜在寄主物种编码表

ls123	含义	ls1234	含义
1101	寒温带、温带山地落叶针叶林	1101001	落叶松林和黄花松林
		1101002	西伯利亚落叶松林
1102	温带山地常绿针叶林	1102004	云杉、冷杉林
		1102005	云杉林
1105	亚热带、热带常绿针叶林	1105012	杉木林
1106	亚热带、热带山地常绿针叶林	1106015	含铁杉的冷杉、云杉林
1208	温带、亚热带落叶阔叶林	1208017	落叶栎林
1212	亚热带山地酸性黄壤常绿阔叶树—落叶阔叶树混交林	1212024	柯、山毛榉杂木林
		1212025	落叶阔叶树—常绿栎—铁杉混交林
1213	亚热带常绿阔叶林	1213026	栲、柯杂木林
		1213027	栲、樟科、木荷杂木林
1214	热带雨林性常绿阔叶林	1214028	含热带树种的栲、樟科、茶科杂木林
1215	亚热带硬叶常绿阔叶林	1215029	高山栎林
1320	亚热带、热带酸性土常绿、落叶阔叶灌丛、矮林和草甸结合	1320040	杜鹃、乌饭灌丛
1321	亚热带、热带石灰岩具有多种藤本的常绿，落叶灌丛、矮林	1321042	化香、竹叶椒、蔷薇、荚蒾灌丛、矮林
1324	亚热带高山，亚高山常绿革质叶灌丛矮林	1324046	杜鹃灌丛
1325	温带、亚热带亚高山落叶灌丛	1325047	高山柳、金露梅、鬼见愁灌丛